U0924644

LOVE × STYLE × LIFE

爱呀 美啊 人生哪

[法] 嘉兰丝·多尔 著
林师祺 译

中信出版集团 · 北京

图书在版编目（CIP）数据

爱呀美啊人生哪 /（法）嘉兰丝 · 多尔著 ; 林师祺译 . -- 北京 : 中信出版社 , 2018.9

书名原文 : Love Style Life

ISBN 978-7-5086-8131-3

Ⅰ . ①爱… Ⅱ . ①嘉… ②林… Ⅲ . ①女性－人生哲学－通俗读物 Ⅳ . ① B821-49

中国版本图书馆 CIP 数据核字 (2017) 第 219654 号

爱呀美啊人生哪

著　　者：[法] 嘉兰丝 · 多尔

译　　者：林师祺

出版发行：中信出版集团股份有限公司

（北京市朝阳区惠新东街甲 4 号富盛大厦 2 座　邮编　100029）

承 印 者：北京图文天地制版印刷有限公司

开　　本：787mm×1092mm　1/16　　印　　张：16.75　　字　　数：200 千字

版　　次：2018 年 9 月第 1 版　　印　　次：2018 年 9 月第 1 次印刷

京权图字：01-2017-7106　　广告经营许可证：京朝工商广字第 8087 号

书　　号：ISBN 978-7-5086-8131-3

定　　价：78.00 元

图书策划　中信出版 · 小满工作室

总 策 划　卢自强　　策划编辑　张丛丛　　责任编辑　孙若琳

营销编辑　林味熹　　整体设计　云中设计工作室 | 熊　琼

服务热线：400-600-8099

投稿邮箱：author@citicpub.com

献给妲玛侬，我的外婆。

米娜，你长存我心，我天天都想你。

献给你美好的孩子们，

他们给这个世界带来不分国界、不分宗教、独一无二的爱、热情和幽默。

目录 CONTENTS

ELEGANCE

优雅，由内而外

LOVE

如何爱

WE`RE CONNECTED

我找到了自己，你也可以

我分享自己对人生、爱情和时尚风格的看法将近十年，所以我是：

1. 彻头彻尾的过度分享者。

2. 相当老到的意见提供者。

3. 呃，所以我超级时髦。

但是我早上怎么会穿这么土的鞋子出门？

我在博客里写的琐碎的事情（例如：我真的需要一双低跟鞋吗？），可能放到网上一小时后就船过水无痕；也聊过发人深省的主题（在摩洛哥安葬我的外婆），以致到了今天都还会收到暖心的信件。有些文章提到的糗事丢人到我直想挖个地洞跳进去，有些则记录了我最骄傲自豪的时刻。

我很晚才开始分享自己的人生，但是一旦掌握了诀窍，就体会到了卸下心防所带来的力量，即使对象是你几乎不认识的陌生人。

因为很神奇地，一旦你敞开心房，人们也会跟你侃侃而谈。

起初写博客只是为了分享我的插画作品，可是我很快就发现自己其实更想与大家对话，想知道世上是不是有人像我一样疯狂。结果证明，的确有的。

我开始摸索，试图掌握“风格”真正的精髓。这段探索旅程引领我从科西嘉到南法、巴黎、纽约等各种各样的地方。我渐渐明白，“风格”不只是我们穿的服装，也是我们行走的仪态、微笑的方式、眼里的光彩或生活的方式。“风格”是全球共通的语言，它的力量可以让我们心与心相连。

我在科西嘉的小镇阿雅克肖长大，然而我的心属于巴黎和纽约。这两个城市都迷人且富有启发性，如此相似，又迥然不同。我可以用整本书来比较两地的怪癖和优点，我又是多么努力地从两个城市汲取养分。我借由展现自己的不完美、每天一杯红酒来保有法国精神；同时又欣然接受唯我独尊、令人信心大增的纽约风格。我带着根深蒂固的讽刺态度做个法国女人，也愿意相信美国梦。在这个过程当中，我逐渐明白，无论我们置身何处，追求的目标都是一样的。

我们要感受爱，我们要觉得自己美丽精彩。我们希望成为令人激赏的朋友、情人、姐妹和女儿。我们想知道怎么做才不会选错鞋子（抱歉，你到死都避免不了这种错误，所以现在就放心享受人生吧！），希望无论从事任何工作，都能得到成就感。

最重要的是，我们希望在这世上找到一席之地。

当然啦，在这个过程中要保持优雅时尚。

我找到安身立命之处的过程可以说是无心插柳——请容我稍后再述——走到我做梦也不敢奢望的境地。这么美好的意外究竟是怎么发生的呢？

这就是我希望在本书中分享的内容。希望我的故事能激发你创造属于自己的美丽意外，而且享受这个过程，毕竟这才是人生的真谛啊。✕

LOVE×STYLE×LIFE

STYLE

风 格 ， 予 人 力 量

现在我知道，
时尚可以赋予人们
力量，
让人人都觉得自己
美丽出色——
还有，
几次失策并非
世界末日。

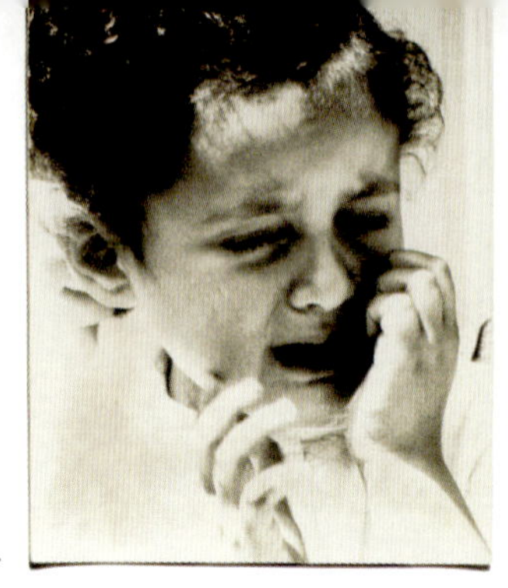

1.

STORY OF MY STYLE

我的风格之路

7.

6.

5.

1. 妹妹蕾蒂夏。2. 母亲凯拉品位独到。
3. 祖母玛丽是意大利人，非常时髦。
4. 祖母玛丽和我的父亲路易。
5. 我和妈妈。真希望她没丢掉那件毛衣。
6. 身穿传统柏柏服装的外婆妲玛依。
7. 我 8 岁时，请妈妈帮我剪头发，因为我想当男生！

2.

3.

4.

我 4 岁，风格由妈妈决定。

我的母亲凯拉，具有最难以捉摸的品位。

这品位不知道从何而来，也许是遗传自外婆妲玛依，她是摩洛哥山区的柏柏人。外婆的服装总是色彩鲜明、花色大胆，鲜艳的连衣裙和她用植物染红的头发相得益彰。她很爱打扮，却又不能违反传统加诸于她的严格规定：不可露出太多肌肤，服装要尽量朴素。

我的母亲正好相反。她是无拘无束的现代女性，也希望全世界都知道这一点。她穿紧身牛仔裤，烫头发，每套服装都精心搭配。

她手头宽裕时，就会买阿拉亚（Alaïa）、蒙塔纳（Montana）和蒂埃里·穆勒（Thierry Mugler）的服装，那可是 20 世纪 80 年代！否则她就用已有的单品搭配、逛二手商品店、发挥创意修改衣服。

她用豹纹丝巾包裹我的头，用条纹图样搭配波点花纹。小时候我得穿特制的鞋子矫正双脚，免得变成扁平足。她没把我的鞋子藏起来，反而让我穿上轻盈的连衣裙平衡鞋子的笨重感。

所以我是镇上最时髦的小朋友。

可是我才不在乎，因为不久之后……

我 8 岁，深爱着爸爸。

我很崇拜爸爸，而且对他的爱永无止境，即使后来花了不少钱去做心理治疗。总之当时，我只希望每时每刻黏着他，也因此迷恋他喜欢的所有事物：汽车、自行车、烹饪用品（我爸爸是厨师）。

他是英俊的意大利裔科西嘉人，穿衣风格相当精准到位。我们聊天时，他会告诉我他的品位。我完全明白！

我丢掉所有连衣裙，只有小娃娃才会穿连衣裙。

这时的我不太像一般女孩子，我痴迷于童书《五小冒险》中的乔琪，那是书中的野丫头主角。乔琪勇敢大胆，中性，早在“酷”这个说法问世前就超酷。她比所有男孩都聪明，我非常认同这个角色，因此要求妈妈帮我剪一个和她一模一样的发型。

妈妈不畏惧我的创意（当时还不知道害怕），所以大胆地帮我剪了。

学校女生中只有我剪短发。

班上辫子绑得一丝不苟的同学抿着嘴，惊讶地看着我。当时我就知道了什么是与众不同，我不讨厌那种感觉。

我 13 岁，恋上马塞尔。

马塞尔是中学里最英俊的滑板高手，我则是穿着宽大毛衣掩盖刚发育身体曲线（就是高耸的胸部！）的害羞书呆子。当然，他根本不知道有我这号人物。

我希望他注意我。那时候，我可能已经相信了时尚的力量，因为我告诉自己最好：

1. 模仿他的滑板少年穿着。就是宽松牛仔裤、宽松T恤和匡威查克·泰勒帆布鞋。

结果：徒劳无功，他依旧不知道有我这个人。

2. 调整做法。我发现和马塞尔一起玩滑板的哥儿们都结交了超有女人味儿的女友。

当然啦，男生比较喜欢真正的女孩儿！改变战略。我变成了超级小女人，第一次戴首饰（从妈妈那边搜刮来），丢掉双肩包，买了非常不实用的小皮包（这下我得把所有课本捧在手上，就像电影里一样，当时我觉得自己真是潮到极点）。穿着合身上衣的我虽然觉得别扭，但是我愿意为马塞尔冒这个险。

结果：徒劳无功，他依旧没注意到我。

结论：时尚风格无法吸引男生。这个看法倒是令人如释重负。

证据呢？我一顿悟这个道理，就认识了初恋情人，一个滑板少年。不，不是马塞尔。马塞尔到今天都不知道有我这个人。

1.

2.

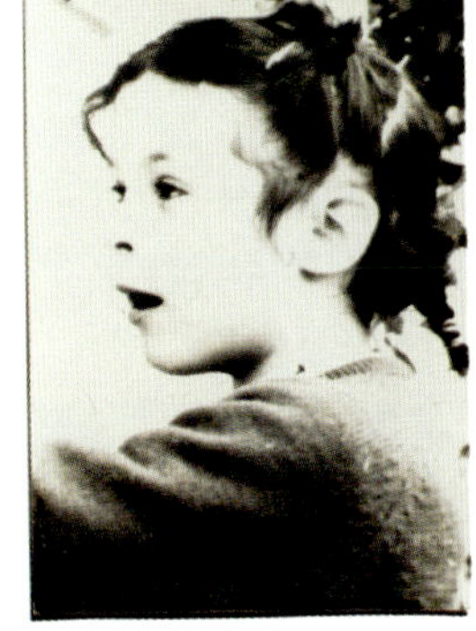

3.

4.

5.

6.

1. 我的祖母很爱丝巾。
2. 我大概 10 岁，头发渐渐留长。
3. 家父儿时的照片。
4. 父亲 20 多岁时的模样。他到现在还骑自行车！
5. 大约 12 岁，即将成为小少女。
6. 《五小冒险》是我孩提时期最爱的丛书，乔琪是我的偶像。

我 15 岁，爱上川久保玲。

我从 20 世纪 90 年代当红的 The Face 杂志认识她，直到今天，我还由衷感谢“时尚诸神”，感谢他们让英国游客在我爸的餐厅留了一本杂志。

我成了忠实读者，*The Face* 从此成为我的圣经。我希望进入这个世界，你们现在应该已经知道，这对我而言就是学习这本杂志的风格。

但是爸妈不太愿意把钱花在与教育没有直接关联的事物上。我的服装费低到不可思议，因此我便偷偷地从母亲的衣柜下手。

多亏爸爸那把超大的厨房剪刀，我改造了她最漂亮的服装。就少女时期的我看来，成品还颇像 Comme des Garçons（服装品牌）。

在阿雅克肖没人看得懂我的风格。这些土包子。

至于我妈，有一天要找她的蒙塔纳外套，却只找到我忘了藏起来的一只袖子，才知道我偷拿了她的衣服。

她鬼吼鬼叫，接着就昏倒了。醒来之后，她就给衣柜上了锁，以防万一。

我泪眼婆娑地跑走，口里嚷嚷着说川久保玲总有一天会收养我，大家就皆大欢喜了，反正家里没有一个人了解我。

换句话说，我就是个青春期的小屁孩。

我 18 岁，还在求学，最爱和闺密一起。

我来到法国南部上大学，本来应该住在宿舍，但是闺密的公寓更棒，我们决定一起住。我们主修文学，其实只想体验人生，探索自我。

意思当然就是聚会狂欢，当你 18 岁时，还有什么比这个更重要？

遇见好姐妹安是我这辈子最美好的事，我们不必交谈就知道彼此的想法，然而我们还是一天 24 小时，1 周 7 天聊个不停。

我们的风格呢？阿尼亚斯・贝（Agnès B）的紧身牛仔裤（当时还没有弹性窄腿裤，那是远古时代，我知道）、阿尼亚斯・贝的宽松毛衣、马丁靴。每天穿同样的衣服，而且颜色还要相互搭配。我们的梳妆台？共享。朋友？同一群。最爱的电影？一样。我们的个性？且慢，我们的什么？

好几年后，我才发现她的脚比我小三号，但是她从来不提，因为她很高兴能和我分享衣服和马丁靴。我们有各种颜色的马丁靴，就连难入手的金色也买齐了。

啊，友谊万岁！

1. 阿尼亚斯・贝的上衣，我愿为它破产。

2. *The Face*，让我看到另一个世界的杂志。

我 22 岁，爱的是朋克偶像。

我穿朋克款的跑鞋、朋克款的迷你裙，仿效偶像在头上绑好几个发髻，还有一件军用风衣。

有一次到华盛顿探访朋友，她的室友是一群非常有个性的朋克乐手，我和他们在一起觉得无拘无束又深受启发，一时好奇之下，我到当地的美发沙龙剃光了头发。

那种感觉诡异又痛快，看起来与其说是漂亮，不如说是标新立异。但是我不在乎美不美，我没那么肤浅。我可是朋克风的知识分子！

不对，其实剃光头是为了表达……是要表达，呃……总而言之，一定传达了某种信息。也许这个遥远的美好国度令我觉得自由奔放，因为没有人会对我说三道四，我可以顶着光头到处逛，而且对我这个法国女孩而言，手里的外带咖啡就是最时髦的配件。

1.

2.

我 24 岁，爱的是摇滚乐。

我爱上独立摇滚。不念书，反而和朋友办起演唱会，邀请喜爱的乐团到我们的城市表演。我们接洽的歌手、乐团，包括“猫女魔力”、“红发美女”和比较费脑的“乌龟”，因为我们有深度。

我们这群朋友可是超酷的一帮人。

我再次穿起紧身裤（当时不流行，只能在古着商店苦苦寻找，但是，嘿，两个演唱会隔得那么久，我又常逃学，有的是时间啊）、尖头平底鞋（当时依旧不流行，只能在古着商店苦苦寻找，但是，嘿，两个演唱会隔那么久，我又常逃学，有的是时间啊）和二手皮草（在古着商店很好找，哼，真讨厌）。我一手烟，一手啤酒，脖子上挂着后台通行证。

我身上没几个钱——办演唱会不是什么赚钱生意，况且我宁可花钱买啤酒，也不想买衣服，所以行头都来自二手服饰店，现在回想起来还真像《天才一族》里的玛葛。无论我的衣柜有没有古着商店的味道，总之我穿得很酷，搭配得很开心！

一阵子之后，我发现自己很臭，并不喜欢啤酒，而且在观众席能更好地观赏演唱会。我抛开这种生活方式，却留下了紧身裤和平底鞋。

这是我学到的经典法国风格第一课：哪些打扮适合自己，就留下来。

我 26 岁，爱的是飒拉（Zara）。

我开始上班了！好吧，我有工作，可是依旧身无分文。大学毕业之后，我在一家时髦的艺术电影公司工作，负责媒体和策展。我整天看电影，这种生活超浪漫，我大量吸收养分。只是这份工作需要打扮，而我没钱。

当时我住的马赛开了一家飒拉，我的人生从此天翻地覆。我爱上了它们的价格，所有流行突然唾手可得。再会了，古着商店！我再也不必穿得像个灰头土脸的书呆子了。闪亮亮的新衣服放马过来吧！

不到几个月，柜子里的衣服有八成来自飒拉，我成了这个品牌的信徒，每周都得去膜拜一次，免得错过什么时尚神迹。飒拉也没有让我失望，每周都奉上惊人的新品。我很快就忘了没有飒拉我以前是怎么穿衣服的。

问题？我的打扮和所有朋友一样。不对，慢着……是和城里每个人都一样。错，是整个法国啊！不对，是全世界！

我抽一口烟，告诉自己，穿得和别人一样就等于没打扮。

我又回到古着商店，学着混搭。当时我已经拥有了一台不错的洗衣机，知道该避开哪些布料——聚酯纤维，闪一边去，你烂透了！

我甚至学会熨衣服。我长大了，有常识了。应该啦。

我 27 岁，穷到快破产。

我辞职当起了自由插画家。波希米亚式的生活，我来了！我比以前更穷了。

就连 H&M 都买不起，因为我已经穷到极点。当时是我的时尚清肠健胃期，唯一戒不掉的就是杂志。那些纸上有我的梦想啊……

我学会“逛”自己的衣柜，改造旧衣服、偷男友的服装、和闺密们交换单品。我也学会修补、剪裁、染衣服。我不会丢掉旧衣服，只是重新分配任务给它们，就像我妈以前那样。男装衬衫可以剪成超酷的裙子，宽松的裤子系上皮带就有完全不同的风格，冬天可以穿细肩带连衣裙搭配大毛衣……

因为这个采买瘦身期，我找到了属于自己风格的重要元素，那就是：男装、外套、经典单品……

经济拮据让我领悟到不需要花钱也可以发挥创意、穿着入时。最重要的是，我学到了没有钱也可以过得很开心。

我 33 岁，成了插画家，而且开了博客 !!!

随着大众成衣市场的迅速崛起，时尚博客也在法国兴起。

飒拉、Topshop、H&M 平价品牌也开始找设计师操刀（记得当初我们怎么抢购卡尔·拉格斐帮 H&M 设计的夹克吗？）。我们已经进入过度购买的年代。

我开始靠画插画赚钱维持生计，经过时尚清肠阶段，我竟然故态复萌：不是保持冷静，只买几件质量好的单品，反而看到“折扣划算”就见猎心喜，在愚蠢的员工特卖会上失心疯般地乱买。

这时我搬到巴黎，亲自见证了神秘的巴黎风格，传说果然不假，这令我沮丧。本来我是马赛的时髦女郎，却根本比不上信手拈来就风情万种的巴黎女子。此外，身为时尚博主，我更觉得自己不能辜负众人的期望。我努力调整，但是就时尚风格而言，那是我最狼狈的时期。

我不是为了男人、闺密打扮，不是为了模仿偶像，不是为了穿得别出心裁，甚至不是为了自己，我只是想摆出自己懂流行的姿态。

只要哪些平价服装类似 T 台款，我必买无疑，完全不考虑自己的身材。我穿不适合的服装，只想着这些样式正当道。

记得菲比·菲洛掌舵蔻依（Chloé）时期那些大受欢迎的娃娃装吗？你能想象我穿平价款的仿蔻依娃娃装吗？不能？我也不行。

但是我买了，还穿在身上。如果你找到我穿那种服装的照片，拜托直接销毁。这就是我的时尚风格黑暗时期，最糟的是，我自己知道不适合，却无计可施。

那时我对一时的流行还没有免疫，体会到了当时尚的受害者有多痛苦。这堂课很值得。

至少我的博客不缺糗事可写。

我 36 岁，博客已经出名，还成了时尚产业的一员！

一切逐渐被理解。

我了解自己，知道自己想要什么，不想要什么。我学会说不，拒绝稍纵即逝的潮流，拒绝廉价的仿冒品，拒绝不适合自己的款式。

我找到了自己的基本风格：用男装混搭女性化的单品，如裙子、高跟鞋。我做了第一笔时尚投资：爱马仕的凯莉包、博柏利的风衣、马诺洛·伯拉尼克的高跟鞋。

我找到了自己的色彩。我从小就认识它们，自然而然被吸引，现在它们被我收进衣柜：白、米、灰，以及少许的红、蓝、绿。

有时我还是会惊慌失措，一心想化身为又酷又性感的詹娜·莱恩兹，或是性感又潇洒的卡琳·洛菲德，但是这种时刻通常不会持续太久。

我还有许多进步空间。例如晚礼服对我而言依旧是一大挑战，受邀去看时装秀时也会手足无措，不知道怎么穿得恰如其分。然而我也明白，无论如何，我只能做自己。

我 39 岁，已经能玩转时尚了！

开玩笑啦。

我知道哪些服装适合我，怎么穿更出色。我发现自己不断购买类似的款式，可是我不在乎，这些衣服就是我的经典款，注定能衬托我，让我更开心。

我依然会出错，但是我已经学会如何纯熟地驾驭时尚灾难了：我可以在不重要的场合尝试崭新的组合、长度、色彩，重要日子依旧穿上最适合我的服装。

现在我知道，时尚可以赋予人们力量，让人人都觉得自己美丽出色——还有，几次失策并非世界末日。不要看得太重！这些错误很有趣！没有人会放在心上！

穿搭风格，让我们得以定位自己是谁、不是谁，挥洒创意，展露内在真我。✕

1. 我爱这张照片，由 *Vogue* 澳洲版的德里克·亨德森拍摄——捕捉到了我相当时髦的一面。2. 在纽约的工作照。3. 坐在香奈儿服装秀的前排，努力保持镇定。4. 休息时间，在下一场时装秀之前查邮件。5. 观看时装秀，穿着只适合去看时装秀的鞋子。6. 时装周，这是我较精心打扮的模样。7. 这是帮颇特女士（NET - A - PORTER）宣传活动拍的照片，由帕特里克·德马舍利耶掌镜，此处的照片翻拍自 *V* 杂志。

LESSON LEARNED

THE SCARF

风格秘密

非这条丝巾不可

场景在巴黎，
我在人挤人的样品特卖会寻找人生答案的那几天。

换句话说，我周围都是里基尔（Rykiel）的裤子，款式千变万化，包括了过去20年的潮流，从最骄傲的时刻到最晦暗的阶段，唯一找不到的就是我朝思暮想的当季秋冬新款。

我拖着大袋子，里面装了至少三双15厘米的高跟鞋（朋友笑称这些鞋颇有变装皇后风格）、一件长开衫毛衣——当然是条纹花色，还有一大堆看了就让人心情愉快的单品，我巴不得赶快付钱穿上。

那时我巧遇了一位朋友，她系了一条丝巾，模样清新。嫉妒的痛楚立刻涌上心头，因为贪心，我又跳进丝巾堆，骄傲地抓了一条绿色印花丝巾。我把丝巾披在肩上，她哑口无言，只说了声："哇！"

（巴黎大减价时因为价格低廉，你会听到以下语言："哇""恶""丑爆了""太贵""我会拆开来穿"，当然还有"哇，也太划算了吧，你这个死女人"。）

感觉很对味儿，我的确需要这条丝巾。多少钱？我才不在乎。脑中只闪过"我非买不可"、"我有退休津贴"或是"如果世界要灭亡了"这些念头。我找到最近的售货小姐，抓住她的领子，如果她不告诉我价格，我打算拿15厘米的鞋敲她。

她表情惊讶。

我心神错乱。

她露出了然于心的讽刺表情。

她说："小姐，这不是丝巾！这是我们铺在箱子里面的布！"

我觉得自己就像在T台上摔跤的杰西卡·史丹。

我的朋友在几步之外忍不住捧腹大笑。

你知道我做了什么？

我找到了经理，告诉她，一定要给我那块铺箱子的布。

她说不行，我说要。她说绝对不可以，我说我愿意付钱！她说就连员工也拿不到。我说开个价吧。她说好吧，你等等。

她回来时捧着一个小盒子，说："免费送你。"

我常说，有两种人，拿枪的和挖洞的（别说你没看过《黄金三镖客》）。

至于我，我是挖洞的人，我流血流汗，努力奋斗。有时，也会取得胜利。✕

HOW TO FIND YOUR STYLE

你是自己行头的时尚主编

拥有自己的风格好处多多，

你什么都不必说，就有办法与人沟通；
你逛起街来眼光精准，是自己行头的时尚主编。
经过多年认真研究、犯错、买错，我发现要让个人风格与无边无际的时尚粲然交会，
须掌握下面四件事。

1. 了解自己

就拿高跟鞋当例子吧。尽管我爱高跟鞋，也知道只有在特殊场合、晚间活动或正式会议才能穿。

我每天的活动都不一样。我拍照、窝在沙发上写博客，也会走过大半个城市开会。有时一天的句号是鸡尾酒派对，有时是音乐会，中间可能完全没有时间回家换衣服。

为了专心面对要处理的事情，我知道自己的目标：我希望打扮得光鲜靓丽，同时也希望忘记自己穿了什么。

所以我尽量选购可以搭配高跟鞋和平底鞋的单品，然后根据活动内容选择不同的鞋子。我的调整不仅要符合自己的品位，也要搭配我的生活方式。

了解自己，就是了解理想和真实的自己之间的距离。

造型师杰西卡·德卢特，
在洛杉矶自家拍摄，轻松又优雅。

2. 了解自己的身材

只要穿着得体，任何一种身材都能打扮得美丽动人。但是我也要老实说，如果你变得骨瘦如柴、平胸、窄臀，只为穿上T台上的服装。这么做实在是无聊、令人懊恼、不应该的，甚至糟糕透顶的。

你知道为什么糟糕透顶吗?
因为这不能怪你的身材，要怪就去怪设计师。
多数服装都是以模特儿的身材剪裁的，
其他体形的人要穿得好看必须煞费苦心。

心情差时我会诅咒这一点。
如果心情不错，我就当是减少了选择的机会，
毕竟少（选择）即是多（风格）。

我有双大长腿（万岁！），但上半身也因此更短（可恶！），而且我比较丰满。（该欢呼吗？始终不确定这是走运还是倒霉。）

因为这三点，所以你绝对不会看到我穿高腰裤（否则裤子就占了躯干的大部分，胸部垂在皮带上，还真可爱啊）。

其他单品我穿起来都算赏心悦目。
裙子、半正式晚礼服外套、大V领等。
这清单很长，都是造就我个人风格的功臣。

反复实验的过程非常有趣。
试穿，试穿，试穿，然后画掉列表上的项目。
换句话说，就是要删除。
去芜才能存菁。

上图：安娜·葛芮，自在又性感。

左图：玛荷娜·哈胡德在巴黎。完美糅合了女人味儿和潇洒气质。

3. 你想传达的信息

穿着打扮隐含着我们要传达的信息，
在不同的人生时期也会有所改变。

如今我在时尚业工作，因此我想告诉别人，
在工作中，我泰然自若、指挥若定，不是半调子。
也许表里不一，总之信不信由你。

我 20 岁的时候曾加入摇滚乐团，
我追求与众不同、反骨叛逆。
30 岁时，我想表达自己是艺术家，
当时可能并未有意识地传达这个信息，
现在可不同了。

如今我的服装颜色比较鲜艳、纯粹，
包括蓝色、黑色和大量的白色，
这当然是我的个人品位，
同时也传达出和谐、实际和自由的感觉。

也许明天我想表达自己很性感、充满冒险精神，
那么我可能会穿上另一批服装，
丢掉不符合自己气质的单品。

知道自己想传达的信息，
服装就是你最好的朋友。

4. 你想成为什么样的人

这个层次关乎梦想。
你为自己的时尚风格画龙点睛，
传达出深层的自我。

你有什么梦想？有哪些可以达到？
哪些遥不可及？
无法实现的梦想也该好好珍惜，
因为它们也是我们的一部分。

你要开拓新事业？寻找恋人？
穿上战斗服，努力争取吧。

就从梦想中借力使力吧。
也许你梦想成为电影明星、完美情人、温柔母亲、
可敬教师、自由不羁的灵魂、星象学家、艺术家、
画家或雕刻家。

无论你有什么梦想，那都是你的梦，
也是你之所以成为你的元素。

梦想指引我们的时尚风格，
同时也指引我们的人生。

艾儿·塔维在纽约街头。
我最爱连体裤！

LESSON LEARNED

THE HEELS

风格秘密

忘掉高跟鞋

纽约，2009年12月20日下午3点。

我准备飞回巴黎，却因为暴风雪而无法离开纽约。
有时，人生真辛苦。

突然多出一天，我决定去做我在纽约最爱的事情——买书、买纸杯蛋糕。然后回饭店泡茶，狼吞虎咽地解决掉。

我装备齐全，准备走向户外的寒冷世界。鱼尾大衣、长裤、厚袜子、围巾、帽子和大兜帽。当我把自己包裹得什么都看不到并难以动弹时，我表示一切准备妥当。

结果……结果。

我摆出所有鞋子……发现没有一双能走雪地。几乎全是高跟鞋（当时我还没找到自己的风格），又舍不得把少数精致的平底鞋踩进泥泞的盐巴雪地里（盐巴对鞋子很不好，非常）。

但是这点儿雪阻止不了我。我拿出厚底靴，鞋跟会让我远离雪地——乐观地说，简直像穿了一双小型雪橇。哈，我就穿着它走上布利克街，迎向风雪。

我活像《星球大战》里的尤达。缓慢融化的积雪、比凯特·阿普顿的胸口还要深的泥坑都吓不到我。只要慢慢走，人定胜天。来啊，冬天，姐不怕。

但是，三步之后，我就动弹不得。

我站在原地，假装正在看手机。身边所有纽约客都穿着胶底雨靴，时髦又实际的他们在雪地里优雅行进。

好生嫉妒，可是我才不认输。木兰烘焙坊旁边有家马克·雅可布之马克（Marc by Marc Jacobs），我就不信十美元买不到雨鞋。

半小时后，我连街角都还没走到，就已经有点沮丧了。其实前面就有家星巴克，我大可随便买个松糕，回饭店看完《茫茫黑夜漫游》，忘掉可有可无的言情小说。

不要，这不能满足我。我得继续走，向全世界（也就是我自己）证明，我对高跟鞋的迷恋不会妨碍我活得自由奔放。

我狗急跳墙（总之就是想尽快看完思琳的作品——是那个作家，不是品牌名，你们这些肤浅的家伙！），妄想跳过大水坑……结果蔻依牌厚底靴带动一连串致命动作：自负得无可救药的我与我的虚荣心，一起在雪地上跌了个狗吃屎。

羞愧难当，我速速退场。再见了，纸杯蛋糕、马克·雅可布，以及言情小说。

有时还是得忘掉时尚，穿上雨鞋。✕

THE FRENCH WOMAN SAYS NO

法国女人懂得拒绝

“没有什么法国女人！这只是个误区！
为什么要浪费时间看什么法国女人的秘诀?
她和你我一样灰头土脸！”

每次有人问我法式风格的诀窍，以上就是我的答案（还要带着浓厚的法语腔）。可是：

1. 这是虚假的谦虚，法国人就是这样——其实我很开心。

2. 如果大家都说有，绝对不是空穴来风，对不对?

啊，这个法式风格的误区啊，我已经听了一辈子。当然也不介意人们看到我，就联想到凯瑟琳、珍妮和艾曼纽。

我们就好好追根究底吧。

一切都要从态度说起。

时尚博主珍妮·妲玛，典型的巴黎女子。

优雅地敬谢不敏。

法国女人很冷淡，
也致力于在生活各方面表现出这种气质。
在法国，我们不该太过与众不同。
想炫耀的心态无可厚非，
但这不表示人们不重视风格和美貌，
她们只是精心斟酌，
想要穿出信手拈来的率性，
并且不想太让邻居相形失色。

所以你在巴黎街头不会看到太多色彩、
奇怪的发型或裸露的肌肤，
时尚是悄悄进行的私事。
人生中只有短短几年，
可以把头发染成粉红色（或剃平头）。

上图：塞尔维亚插画家、摄影师、家具设计师安娜·科拉斯穿着我最爱的单品——条纹上衣。
右图：高腰裤不适合我，所以我更喜欢看别人穿！

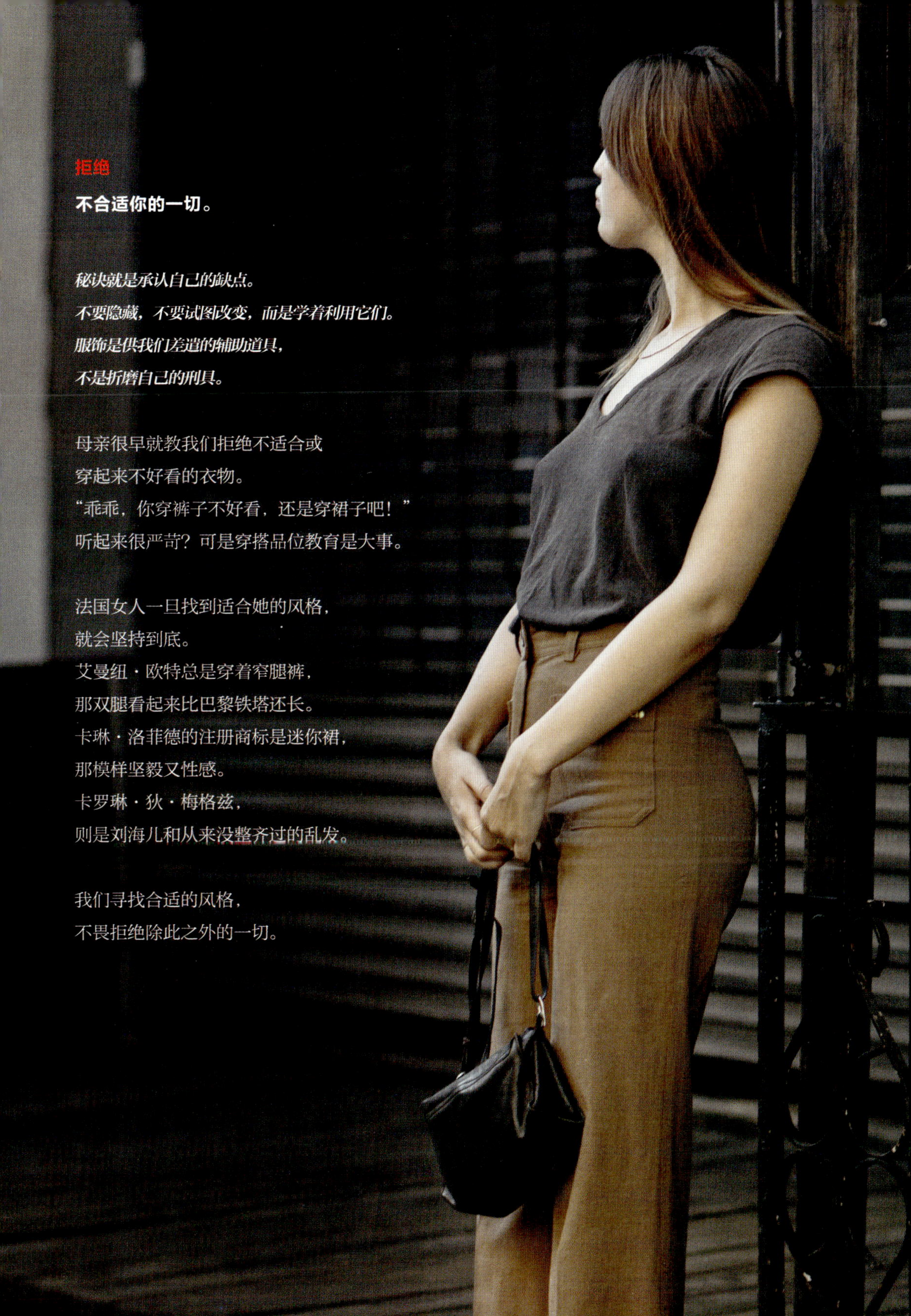

拒绝

不合适你的一切。

秘诀就是承认自己的缺点。
不要隐藏，不要试图改变，而是学着利用它们。
服饰是供我们差遣的辅助道具，
不是折磨自己的刑具。

母亲很早就教我们拒绝不适合或
穿起来不好看的衣物。
“乖乖，你穿裤子不好看，还是穿裙子吧！”
听起来很严苛？可是穿搭品位教育是大事。

法国女人一旦找到适合她的风格，
就会坚持到底。
艾曼纽·欧特总是穿着窄腿裤，
那双腿看起来比巴黎铁塔还长。
卡琳·洛菲德的注册商标是迷你裙，
那模样坚毅又性感。
卡罗琳·狄·梅格兹，
则是刘海儿和从来没整齐过的乱发。

我们寻找合适的风格，
不畏拒绝除此之外的一切。

拒绝

一时的流行。

周日看杂志浏览最新的流行很有意思，
逛街也是和朋友叙旧的好时机，
不过仅止于此。

法国女人只买一件流行单品，
还要能搭配其他现有服装。
穿着太过时髦会引人非议，
表示你是流行的受害者，
或者更糟，你想鹤立鸡群。

拒绝运动裤。

除非去健身房，

否则你鲜少看到法国女人穿运动服；

就算去健身房也不常见，

因为她们也不爱去健身房，

这件事情改天再聊，

总之这不是法国女人的习惯。

虽然这些规则渐渐消失，

因为我们越来越受到，

嗯，美国节目的影响，

法国人依旧清楚地区分室内（家里）

和室外生活（家门外、精心打扮的场合）。

上图：超模、演员杰西卡·尤菲，
把一身黑穿得美丽动人。
左图：莉莎·琼丝，
牛仔上衣搭配牛仔裤，很有自己的风格。

对了，我很爱穿运动服出门，
我觉得自己很反法国风。

忠于属于你的经典款。

珍惜可以长久流传的单品，尊敬代代相传的经典。

也许是你时髦祖母的凯莉包，又或者是你妈妈的金项链。

法国女人一生中有几个重要时刻，
包括购买第一块手表、第一瓶香水、第一个皮包。
之所以兹事体大，
是因为她有可能每天或终生使用。

如果她喜欢某一款T恤，
就会一次买三件也不手软，
这件衣服可能成为她的注册商标。
如果她喜欢某一口红色号，
肯定会囤货（法国女人时尚生活的恐怖梦魇就是最爱的商品停产，有位朋友买了四十五瓶香水，就是希望自己没算错，可以靠这个数量度过余生）。

了解自己的风格，表示她知道自己今天喜欢的款式，终其一生依旧是她的最爱。
了解自己的风格意味着只要找对方向，
往后就不必把潮流放在心上，
因为潮流只是片刻浮云。

至于风格……它值得你永远的忠诚。X

时尚穿搭达人梅莉莎·彭，
知道如何用我最爱的必备单品——豹纹外套，
强化她的经典穿搭。

LESSON LEARNED

THE CLUTCH

风格秘密

拜托！那是爱马仕！

咖啡馆，我刚到，准备晚上和朋友出去玩，
也很兴奋能和最有巴黎气质的闺密共度一晚。

她对巴黎了如指掌，一到花神咖啡馆就亲每个人的脸颊。她开着斯玛特（Smart）狂飙。

你知道，她非常酷，比我更像法国人。

她气宇非凡地坐在那儿，一头乱发，一张红唇，抽着烟，浑身散发出“我才不在乎”的气质。活脱脱是巴黎版 *Vogue* 的其中一页。

接着我的视线落在她的爱马仕手拿包上。

“棒！”我惊呼着抢过来。（典型的美式作风。）

“只是我妈的旧皮包啦。”（不在乎的巴黎口吻。）

“拜托，你挖到宝了。我从没见过这种货色，还有这颜色！这是最完美的奶油色调。而且我最爱奶油色了！啊——我超喜欢，好嫉妒，好想要。”（真像美国人。）

“嘉兰丝，瞧你讲话的样子就像个纽约人！”她眨眨眼（巴黎式的）说，“只是个皮包，一点也不重要！”她吸了口烟。

这时，另外两个朋友来了，该出发了。

我们去参加派对，三杯香槟下肚的一个小时后，我已经在桌上跳舞了。朋友也玩得尽兴，但是依旧一派“我酷到懒得理会其他事”的态度，所以不会跳上桌，也不会和陌生人一起大声唱歌。相反地，她悄悄地和其他人交谈，只随着音乐摆动肩膀——证明她玩得很开心。奶油色的手拿包就放在旁边，仿佛她早就忘了它的存在。

突然，有个女孩拿着一大杯深色不明酒水走来，绊到某样东西，饮料就泼在了我朋友……和她美丽的爱马仕手拿包上。

她倏地脸色刷白，看着我，抓起皮包、外套就夺门而出。

我们跟上去，发现她坐在人行道上看着手拿包，心如刀割。

我们努力安慰她，但她悲恸欲绝。

当然，我们没再回去派对。

闺密的法式帅劲儿在这一晚遭遇了无法突破的极限。

我们至今还惋惜那个皮包，每次回到“花神”，便想起那只奶油色手拿包的美。

并没有人说：“拜托，只是个皮包！”

对于这种事情，恐怕无法耸肩带过。

法国女孩再潇洒也是有弱点的啊。✕

这是我最爱的外套之一，来自飒拉，
是多年前购入的呢！

MIX HIGH AND LOW

混搭名牌与平价服饰

我知道我太常提起这个牌子了，
但是我真心爱逛飒拉。

我可以理直气壮地说自己是这方面的专家，因为我力求精进已有多年历史。

飒拉和我一起进步。起初我几乎买不起这个品牌，如今我用这家的商品混搭名牌服饰。我擅长选购飒拉的商品已经到了出神入化的地步，就连陌生人（好吧，其实是我的朋友）都会为了求得一招半式，拜倒在我的石榴裙下（我夸张了，是发短信问我）。

1. 常去

飒拉常有新品，好货一上架就会被一扫而光。

我常逛的店每周四上新货，所以最好的方法就是回家时顺道去逛逛，看看这一天是否又出现了飒拉奇迹。网购更方便，点点鼠标就能买到新衣。缺点是无法试穿，也摸不到布料的质感。

2. 盘点新品

其实很容易，常去便能掌握诀窍，顶多 5 分钟就能快速看完。以我为例，我很少逛到商店深处。

我只在入口逛逛，因为那里展示的就是最吸引人的款式。

如果没看到心头好，我掉头就走。

3. 锁定最佳单品

以下是超级浓缩版的飒拉购物指南。（请想象我站在黑板前，手里举着教鞭。）

超正款式。

超正款式很稀少，与其他商品截然不同。

它发光发亮，等着你发现，将它带回家。

假设是外套——也有可能是手袋、衬衫或美丽的长裤。

用双手触摸布料，质感应该极佳。仔细检查商标的成分标志。剪裁和细节几乎无懈可击。

你眼前的单品之所以问世就是这个目的，当别人赞美夸奖时，会说："这件不可能是飒拉的！"

这个款式不会让飒拉赚钱，存在的目的只是帮品牌建立好名声，证明他们卖的是精致衣物。

有时这件超正款式的价格会稍微昂贵一些，但是我保证，三小时后就会被抢光。买下它，然后头也不回，转身就走。

4. 注意了！

不要看到名牌的"影子"就太过兴奋。我知道，这种诱惑太大，如果某件款式太像玛兰（Marant）、思琳（Céline）、华伦天奴，请放下。

不为别的，至少要尊重品牌设计师。

况且，穿着抄袭款也传达出负面信息——不够自爱、自重。有型有款的人，知道抗拒诱惑，任何时候都要这样。✕

elf service

我帮巴西版 *Vogue* 拍摄的巴西超模莱丝·里贝罗，造型师是街拍潮人兼时尚编辑薇薇安娜·芙碧契拉。我喜欢她这样低调的搞怪风。

IT'S OKAY TO BREAK THE RULES

偶尔打破规则

现在你的搭配无懈可击，每件服饰都剪裁完美，
件件都是尽善尽美的经典款。

是不是觉得身心协调，仿佛刚练了一个半小时的瑜伽，还喝了一杯小麦草汁？

你知道我练一个半小时的瑜伽，灌一杯小麦草汁之后是什么样吗？

我想喝杯鸡尾酒！我想打电话给朋友！我想做些疯狂的事情！

同样的道理也适用于你的服装。

有时候必须放轻松，买件只有你和设计师才懂的奇葩款式。

买双根本不能用来走路的鞋子。谁说鞋子是用来走路的？

买件明眼人一望即知，几乎印着“我是2018年秋冬款”的大衣。买双思琳毛茸茸的勃肯鞋，或是买件名不见经传的二手衣……

该向自己的冲动投降吗？这可以从两方面来回答。

1. 来个时尚精算，也就是计算每次穿着的成本。

就拿你想买的粉红色假皮草外套来说吧。你会穿几次?

用价格除以次数，就可以得出“每次的穿着成本”。老实计算，而且要记得：

- ✕ 抢眼的单品不能太常穿，除非你想当“那个穿夸张粉红色假皮草外套的女孩”。
- ✕ T 台款式在 3~6 个月之后就会过时。
- ✕ 销售人员的工作就是要说：“这件非常耐穿。”

2. 用尽所有借口，只求抛开理智，买下那件疯狂的衣服。

好吧，你决定放手一搏。但是请注意以下陷阱：

- ✕ 你发财了！你刚接到电话，接到重要（又多金）的新项目。

这种想法几乎每次都会出状况，但是每个自由职业者都会犯这种错，所以我不会指责你。我也许刚买下巴黎世家的外套，两分钟后就接到电话说新项目又取消了。

建议：也许等到工作确定之后再买?

- ✕ 你和意中人的第一次约会。

哔哔哔！！多数人不希望疯狂的时尚单品盖过自己的丰采，闪闪动人的应该是你自己。除非你和安娜·戴洛·罗索约会，就算对象是她，你也不想抢她的风头吧?

- ✕ 你的偶像嘎嘎小姐（Lady Gaga）就会穿。

我们无法选择自己崇拜的对象，就买下去吧。

- ✕ 你没有 25 厘米的高跟鞋。

的确。但是存在这种商品不代表你非拥有不可，除非你老公混黑道。

- ✕ 好便宜哟。

对，有时最疯狂的设计也最廉价。可能是清仓特卖，标价还经过三次折扣？也许这么便宜有其道理？你看不出来？先等等吧，总之不要太冒险。

我们偶尔都需要离经叛道。只要频率控制合理，这些疯狂之举可以为完美的服装注入新生命。毕竟完美多乏味啊。✕

多数人不希望
疯狂的时尚单品
盖过自己的丰采，
闪闪动人的应该是
你自己。

THE TUX

吸烟装

吸烟装是什么？

我问了四个时尚大师，

没有一个人可以给我精确的答案。

我们都同意，吸烟装就是外套搭配长裤，而且可以搭配背心。

我们也同意伊夫（Yves）这个称呼，

那是将吸烟装改为女装的圣罗兰先生的名字。

多亏了他，女性得到解放，从此可以选择男性的穿着。

我们都能想到绸缎衣领，

有人认为裤子应该打褶，此外就众说纷纭了。

× “一定要搭配领结！”

× “长裤侧边一定要有绸缎压条。”

× “只能是黑色。”

最后这句话争议很大，常让大家吵得脸红脖子粗，

我们就来好好研究一下。

吸烟装非得是黑色吗？

错！任何颜色都行。可以是红色、米白色，也可以是纯白。去问比安卡·贾格尔就知道了！（请在网上搜索“比安卡和米克·贾格尔的婚礼”。）

吸烟装里面可以什么都不穿吗？

贝蒂·卡图没穿。

我个人没那么前卫，但是我非常尊敬其他勇敢的女性。

穿吸烟装出门是什么心情？

每个女人都该体验一次。

一穿上吸烟装，就会感受到某种变化。

首先，你可以自由伸展。裤子，噢，那裤子！只要你喜欢，随时可以轻松自在地跳上摩托车。还有那外套！吸烟装的西装外套让你更有精神，又能解放你的身体。无论从哪个角度来看都无懈可击。

接着穿上“恨天高”。

你一出场就会充满气势，仿佛注定是玩得最开心的那一个。因为你（可能）骑摩托车来，而且其他女人都穿裙装，所以你与众不同，却又不会格格不入。

同时，神奇啊神奇，你会发现吸烟装不但吸引男人的目光，也会引来女性的钦羡。

如果派对上还有另一个女人也穿吸烟装怎么办？

记得，一旦穿上吸烟装，就要自备自嘲的幽默精神。我会说，立刻去亲另一个女人，而且要嘴对嘴。最好在摄影师面前，亲得越久越好。

这种行为令人精神大振，也能让低迷的事业再度回春。这种问题，麦当娜最清楚。

如何选择吸烟装？

随心所欲。身为时尚爱好者，你的直觉当然是去圣罗兰或二手店，你不会错的。

但是我必须承认，我是在其他地方找到超棒的吸烟装的。

牌子是斯特拉·麦卡特尼（Stella Mc Cartney），还是不经意间逛到的。这套衣服具备所有要素，双排扣、无与伦比的剪裁、上等的缎子布料、裤子有褶和折口。有一点更是立刻让我倾倒：刻意设计成稍短的款式。当然啦，还有可以搭配的白衬衫和黑鞋子。我整套都买回家了。

顶多 7 分钟就能着装完毕，露露·德拉法蕾丝如是说。

口袋巾呢？需要准备一条吗？

当然啦！有了口袋巾才能让你成为真正的“男人”。

这句话的意思是，成为那些真正了解男装规则，也不怕套用在自己身上并玩个尽兴的人。不必折好——你不是要拍男性杂志封面照，露出充满艺术气息的丝巾一角即可。

需要琳琅满目的配饰吗？

可以来点闪亮的配件，不是走凯瑟琳·德纳芙风，就是向蕾哈娜取经。

穿吸烟装要花多久时间？
程序复杂吗？

顶多 7 分钟就能着装完毕，露露·德拉法蕾丝如是说。

要带手拿包还是手插口袋呢？

手插口袋不仅仅是某种姿势，而且攸关吸烟装的整段历史。因为双手有地方可放，可以带给你不可思议的自信。

你的举止会因此彻底改变，身体重心会不一样，整个人的能量流动也大相径庭。

带手拿包，可能会少了那么一点风采。

我常碰到这种状况，手里抓着漂亮的小包，纯粹只是装饰，因为里面什么也放不下。

如果我拿了杯香槟，就没有空出来的手能和任何人握手了，就算是马克·雅可布过来打招呼，我也无计可施，只能任凭他认为我粗鲁无礼。

法国女孩可以对美国男人说“我今晚要穿吸烟装”吗？

天啊，那就准备看到对方惊恐的眼神吧，因为美国人用“无尾礼服”来称呼这种服装。其实，光知道你是法国人、大剌剌地抽烟、在海滩上身裸体、随时都吃得下一大盘蒜蓉奶油蜗牛，他就已经够害怕（并且兴奋）了！

为了他的心脏，法国女孩，换个说法吧：“亲爱的，我今晚穿无尾礼服。”

可以在禁烟餐厅穿吸烟装吗？

哈哈哈。

可以穿吸烟装出席“正式服装”派对吗？

“正式服装”这个规定已经被滥用，活动策划单位的目的只是强调派对的奢华气氛，出席者很难清楚界定着装规定。尤其是讲究活泼气氛、不遵守规则的高傲巴黎人，我们最爱穿牛仔裤参加派对。

如果你希望盛装打扮，又不失礼于主人，吸烟装就是最佳拍档。

正式会议可以穿吸烟装吗？

可怜的孩子，你真想毁了吸烟装的威力吗？最好不要哟。

留到晚上再穿吧。

吸烟装可以穿了又穿吗？

吸烟装是神秘的催化剂。可以让你美艳动人，又不会太高调。吸烟装与华美的晚礼服正好相反，别人往往只会记得你的晚礼服，不会记得你。无论你有多爱那件礼服都只能穿一次，因为大家都会记得。

吸烟装可就不同了。你可以：

再穿一次，别人也不会注意到；

塞进行李箱，免得临时要参加派对；

混搭，拆开外套和长裤，搭配其他衣物；

换件上衣，整套吸烟装又别有一番风味；

穿其他衣服都不好看，而且你又胖了五斤，这时就穿吸烟装。

最大的问题：结果每次出门都穿这套。

姐妹们，还有以下的风险。

吸烟装是个陷阱，中了它的魔法，你会就此失去判断力。入此魔网，就会忘记其他服装的魅力。一个不小心，此后再也不穿其他款式的服装，不再穿连衣裙，忘记露出一点肌肤的魅力。从此乏善可陈。

你将成为“只穿吸烟装的女孩”。

不可不慎啊。✕

嘉娜·沃丝
穿着她剪裁完美的吸烟装。

我的
时尚
必备品

整理得当的衣柜可以给你自由。
你需要的更少，更能聪明地购物。
以下是我的时尚必备品，每季再根据这些经典款式加以变化。
工作、参加派对、旅行都因此更轻松。
它们诠释着我的风格，有些衣物或许也能诠释你的穿搭精神。

铅笔裙

这件完美单品进可盛装打扮（搭配衬衫和高跟鞋），退可穿得休闲（搭配帆布鞋）。可以突显身材，证明你是肯面对自我的女人，也适合出席晚上的活动或正式会议。我很爱这条杜嘉班纳（Dolce&Gabbana）的蕾丝铅笔裙。

浅口无带高跟鞋

完美的浅口无带高跟鞋可以让一切更美好，我说的可不只是服装打扮！这双米白色麂皮马诺洛·伯拉尼克是我的战鞋（性感又舒服）。而且我立志有朝一日要集齐所有颜色。

白色牛仔裤

这条裤子是我个人的最爱，
夏天、冬天都适宜。
我喜欢露出脚踝的设计。
图中由巴黎时尚艺术家洛丽塔·雅可布展示。

靴子

切尔西短靴
是女孩的好朋友，尤其是冬天。
这种鞋可以搭配牛仔裤、裙子，温暖又舒服。
我最爱的款式来自 Church's 品牌。

皮包

我超级无敌喜欢圣罗兰的 Lulu 包，
看起来既奢华又简约。
集风尚品位之大成！

机车外套

这项投资绝对不会令你后悔，
因为这件单品会成为你的最佳拍档。
图中劳拉·维德金穿的是思琳（Céline）。

帆布鞋

我们都需要一双，匡威、
阿迪达斯、范斯（Vans）有许多款式可选。
这里呈现的是我最爱的 Common Projects 品牌。

大衣

图中的法国珠宝设计师
莱拉·梅尔基奥
身着围裹式绑带短大衣。
这项单品可以搭配所有衣物，日夜穿着皆宜。
我喜欢深蓝色的款式。

古着T恤

这件T恤可以为所有行头
添加一点摇滚气息（外加一丝嘲讽意味），
英籍造型师、创意顾问
凯特·佛利成功穿出韵味。
很容易在二手衣商店找到（要翻一翻就是了），
而且越旧越棒（就连那些小破洞都超美！）。

牛仔外套

这里由美国名模兼酒庄经营者米歇尔·邬艾蕾示范。
牛仔外套很适合洋葱式穿衣法，适合各种季节，而且如同美酒，越旧越好。

内裤

样式简单、轻薄、白色，
这就够了！ Commando 品牌的
产品非常理想，
请看杰西卡・瓦斯康塞洛斯的
完美演绎。

平底鞋

每个女人无疑都需要
一双（或五双）平底鞋，
有时在包包里放一双就能
舒缓一整天穿高跟鞋的辛苦。
我最爱的品牌是颇瑟丽（Porselli），
因为它们最合我的脚形。

男友衬衫

我打包行李一定带一件，
因为日夜皆可，
都市沙滩两相宜。
图中的薇薇安娜·芙碧契拉
完美示范了如何搭配饰品。

白色T恤

样式简单，穿起来自在，
到了夏季，我几乎每天都穿。
这种单品就像一张空白画布，
可以尽兴挥洒，随性搭配。
我最爱的品牌就是经典的
鲜果布衣（Fruit of the Loom）。

V领毛衣

低胸V领羊绒毛衣最棒，
（我最爱的品牌是 Equipment）
超级性感又温暖，
这里由雅席娜·伊莱亚
示范。

凉鞋

很难选出我最喜欢的款式，
因为我很爱买凉鞋，
但是这一双龙迪尼（Rondini）
已经跟了我好几年，
始终光鲜不衰，
穿起来仿佛光脚的设计，
既美丽又性感。

帽子

图中杰西卡·瓦斯康塞洛斯
戴的草帽不但时尚，
更是美容必需品。
说到防晒，
没什么比巴拿马草帽更实用又优雅的了。

手拿包

经典的黑色手拿包，
最适合为晚礼服画龙点睛，
搭配牛仔裤也很好看，
相当百搭！
只有这项单品，我不在乎露出商标，
何况圣罗兰的 Cassandre 手拿包
这么雅致。

墨镜

很难从雷朋经典的旅人（Wayfarer）、
飞行员（Aviator）和
俱乐部大师（Clubmaster）挑出一款，
毕竟这些款式一直都很酷，
几乎适合每种脸形。
而且三款都买齐的花费，
才相当于一副设计师品牌的墨镜。

迷你裙

我夏季都穿裙子。搭配平底鞋既率性又女性化，搭配高跟鞋，立刻就呈现出性感风情，我也不介意偶尔卖弄性感。这条迷你裙被摩根·贝铎穿得好美啊。

学院风西装外套

任何季节、场合、地点都可以穿。
剪裁优雅的基本款学院风外套
可以搭配任何衣着，
绝对不退流行，
还能添加一点书卷气息。
图中由卡米拉·安斯特朗示范。

连身泳衣

娜塔夏·瓦席卢斯基
身上的埃雷斯（Eres）连身泳衣，
是绝佳的投资对象，黑白皆可。
简单的连身泳衣令人信心大增，
适合海边或泳池，
而且永远不退流行。

ON STYLE

EMMANUELLE ALT

风格谈

一对一专访带给我莫大启发的女性

艾曼纽·欧特

嘉兰丝·多尔（以下简称多尔）：你的风格非常独特，你自己怎么阐述呢？

艾曼纽·欧特（以下简称艾）：许多人以为他们得根据潮流或某个品牌来打扮自己，然而风格的精髓在于协调与自信。其实重点就是了解自己。

多尔：根据自己的体形穿着？你会这么做吗？

艾：我穿我觉得舒服的衣服。最重要的是我要觉得自在，最糟糕的莫过于整晚都觉得穿得不像自己。

多尔：你不穿晚礼服，我也差不多，因为我不喜欢连衣裙。

艾：对我而言，女人味儿和穿连衣裙或短裙无关，我认为裤子也能穿得万种风情。

多尔：很多人爱问我："法式穿着的诀窍是什么？"你怎么回答呢？

艾：法国女人不觉得穿搭有压力。如果有人找我去参加派对，但是我临时找不到衣服，我就会即兴发挥。我会穿上黑色学院风外套、白T恤，涂上睫毛膏，再穿上高跟鞋就可以出门了。我们不会觉得有什么好惊慌的。

多尔：你如何定义"性感"？

艾：在我看来，微笑很性感，幽默很性感，从容自在又风趣的人很性感。这些都比穿衣中规中矩更性感。

多尔：你是否曾经看着照片心想，"天啊，我当时在想什么啊？"

艾：当然，可是……我已经不看那些照片了。

PARIS VS. NEW YORK

LIFE OF THE PARTY

巴黎与纽约

参加派对的潜规则

巴黎人和纽约客参加派对的方式不一样。

姐妹们，我对两者之间的差异有番见解。结论如下：

派对在巴黎是私事，在纽约则是公开活动。

当年，我即将搬到纽约时，就得面对这种文化差异。我还记得某晚在BoomBoomRoom（纽约的一家夜店）和朋友提到自己计划搬到纽约的事情。

砰！这消息隔天就出现在了某杂志的博客上。有人无意间听到了我们的谈话，决定先报先赢。几小时后这消息就传遍了网络，我之所以知道此事还是因为我接到了一堆短信说：

“嘉兰丝，恭喜你搬来纽约！”

“太棒了！等不及要请你吃晚餐！”

“为什么我上网才知道这件事？”

一段与朋友圈外的人毫无意义的对话，竟然就此成为新闻。此后我就学乖了，在BoomBoomRoom最好少提私事。

但是我怎么知道？巴黎绝对不会发生这种事情，法国甚至没有八卦博客。我们没有“第六版”（就是大家都假装没看过，其实是《纽约邮报》超受欢迎的八卦版面），而且我们有私人生活。

在巴黎，私人生活的概念绝不是空泛的口号，基本上，除非你是总统，否则私人生活绝对不会搬上台面。巴黎不是没有流言蜚语，只不过这种事只能在小圈子里流传。

纽约不一样。纽约自成一格，有自己的名流、设计师、企业巨子、某某人的儿子、某某人的妻子，这都是在巴黎不会聊到的事情。

纽约有自己的杂志，派对会请自己的摄影师。所有派对都会被彻底检视，仿佛是世纪大事：谁去了？谁又带了谁？她穿什么衣服？什么鞋子？什么珠宝？慢着，什么？和上次一样？老天爷啊，我不敢相信。她的公关是谁啊？别说她没请公关。等等，什么？她没戴婚戒？慢着，镜头拉近一点，我们仔细看！

纽约创造名流，在这个城市生活就要出去露脸，出席各种活动。

说到时尚，两座城市的风格截然不同。

巴黎人出来玩，目标就是展现率性，越酷越好。

事情就这么简单。除非和朋友一起受邀，否则她不会去，让人看到她只身赴会，身边没有人，她宁可死了算了。巴黎人不太和其他小圈子交流，不会扩展交际圈，就算会，也只在私下秘密进行，因为需要朋友实在太逊了。

在巴黎办餐会不要安排座位，没人会放在眼里，照旧和自己的朋友比邻而坐。

此外，你最好先了解，巴黎人为了避免被拍到，可以说是无所不用其极，因为希望别人拍到自己，那就用力太猛了。她依旧身穿牛仔裤、高跟鞋，头发披在肩上。因为精心打扮表示她在乎，她的人生可没那么闲。

当然，事实上，她双眼的烟熏妆各花了 1 个小时，她随性披散的头发整理了 5 个小时。

她最享受的是一边和自己的朋友玩得痛快，一边偷瞄角落的其他小团体。所以巴黎最受欢迎的夜店都很小，灯光昏暗、烟雾迷蒙，而且充满许多隐秘的小角落。

相反地，纽约客希望大家都看到自己。

她早在一周前就准备好行头，从公关界的朋友那里借来服装，朋友也等不及隔天早上就计算有几篇报道提到了身为小帮手的自己。她和彩妆大师、发型师约好时间，确保当天的妆容完美。而且她会敲定和谁一同出席，对方必须有一定的身份地位，她才有面子；却又不能太大牌，免得风采盖过她。

如果情况太复杂，她就独自赴会。

她的任务是多认识人，展现自己光鲜靓丽的一面。也许在照片中单枪匹马，效果更好。

但是从大西洋西岸到东岸，大家都玩得很尽兴。无论是纽约还是巴黎，大家都爱参加派对，也是个中好手。两边交流时，才叫精彩呢。

但是出发前，要先搞清楚几条潜规则。

否则，在巴黎，你会按照邀请函注明的，穿着晚礼服出席（但其他人都穿牛仔裤和迷你裙）；至于在纽约，你可能会依照“轻便”的指示，穿着运动服就现身（结果人人都穿小礼服，梳着高发髻）。

有疑虑的话，晚点到就对了。

我们都知道，摄影师离开之后，真正的派对才要揭幕呢。✕

有疑虑的话，
晚点到就对了。

METIER

工 作， 让 女 人 更 自 由

因为我的世界
才刚成形，
一切还混沌不明
所以我自创规则。

THE 10 STEPS

10 个阶段

我的故事要从一台计算机、一个名字和一个梦想说起。

从故乡起步。

我在科西嘉岛西岸的海滨小镇阿雅克肖出生。

我的父母都非常漂亮，彼此相爱，一贫如洗。他们都来自移民家庭，我父亲那边来自意大利，母亲这边来自阿尔及利亚。

他们 20 岁结婚，然后生下我。

母亲的家族是穆斯林，父亲的家族是天主教徒，因此他们的婚礼让所有人都不满意，两人几乎孤立无援。我爸在他祖母的餐厅厨房学会了烹饪，后来成了岛上小镇吉洛拉塔唯一一个餐厅的主厨。

那里没有道路也不供电，但是景色美不胜收。每逢夏季，富人们会开游艇来住一晚，在我父亲的餐厅用餐。

我这个快乐的野丫头会看着这些王公贵族、名流富翁走在乡镇的泥土路上，身着华服，因为那是 20 世纪 70 年代。想想碧姬·芭铎、吉亚尼 · 阿涅利、摩纳哥公主卡罗琳。当地人根本不知道他们是何方神圣，这点最令他们开心。

我爱做白日梦又害羞，喜欢看书、画画。年纪稍长，父母要我到餐厅帮忙，我乖乖听话，心里却恨死了那份工作。

最后，爸妈在吉洛拉塔开餐厅，我们夏天住在那里，冬季住在阿雅克肖，我也在阿雅克肖上学。爸爸成了知名大厨，他的餐厅成了旅游景点。

当波希米亚风的 20 世纪 70 年代转为奢华当道的 80 年代时，爸妈的餐厅开始赚钱。

我成了典型的少女，焦虑、叛逆、讨人厌。然而内心深处，我还是那个沉默又乖巧的孩子。那一天终于来临，我得仔细考虑自己的志向。

我告诉爸妈，我希望成为艺术家（当时我想画卡通，想象自己可以靠画画维持生计），但是他们听不进去。他们认为这太冒险，也太不实际了。可惜，我没有其他点子，也不明了世道。科西嘉的岛民不是务农，就是自己开店做生意，就算当时看的书和杂志都告诉我：外面的世界海阔天空，我也无法想象自己如何才能走进那个世界。

我不习惯反抗父母，况且我也无法说服他们，因此我投降了，所以才会跟着朋友来到马赛，成为漫无目的的大学生。

随波逐流后，找到自我。

迷失自我只花一秒，寻找自我可能得耗上好几年。

对我而言就是这样。我离开科西嘉，前往南法的马赛上大学。巨大的校园马上吞噬我，也能随时把我吐出去。

我承受了莫大的压力，随时都很担忧，但是我的世界已经改变。

我结交新朋友，许多人都是音乐人或艺术家，因此我的大学生活多姿多采。然而一年一年过去，我依旧毫无进展，原地踏步。我读的专业是传播，已经不抱幻想的教授们不断告诉我们将来找工作有多难。

我渐渐相信，要过上梦想中的艺术家生活，就得放弃安逸和安全感，而且要降低期望。而我也正是这样做的。我无心课业，请父母不必再给我经济上的帮助，因为我受不了自己成为上一辈的负担。

当时我努力寻找未来的方向，靠着无聊的工作勉强维持生计。

其实这种生活很轻松，因为身边的人都很有趣、幽默又有创意。那段时间，我就在疯狂的焦虑（因为对未来感到茫然）和开心两种情绪之间游荡。我有自己独处的时间，有个小阳台和可以天天浇水的花朵。我喜欢为朋友下厨、筹备余兴活动，甚至养了一只猫。

最后我下定决心不回大学，当时二十六岁，上大学花太多时间，而且课业学习对我没有帮助。母亲对我相当失望（她说我以前是那么多才多艺！），后来都不太跟我说话。

每当她望着我，眼神中总饱含痛苦，那段时光很可怕。以前我总问她人生的方向，也希望她以我为荣，如今只能靠自己了。

内心深处，我也对自己感到失望，但是我很愤怒她一开始就怀疑我，阻止我学习艺术，尽管现在证明她没看错。

然而我不放弃，而且阴错阳差地，时尚业为我带来了第一位人生导师。当时听说马赛的现代艺术博物馆招实习生，我便寄了简历，因为我觉得当地唯有那个机构能让我接近一心向往的艺术殿堂。

他们通知我去面试，我非常兴奋，甚至特地买了一双昂贵的靴子去面试。

为了证明当初我有多贫困，我必须说明——买了那双靴子，我彻底破产了。

也许我需要对宇宙发送某种信息。

追随各种征兆。

博物馆馆长面试了我，隔天我就接到了电话，但对方不是馆长。那名男子说："我昨天在博物馆看到你，靴子很漂亮。你有兴趣在博物馆的电影院和我共事吗？我在找像你这样的人。我可以从同事手中把你偷过来吗？同事已经答应我了。"

从此，我开始在电影院工作。我负责公关，新老板把所有与电影相关的知识倾囊相授。这份实习工作不支薪水（当时我还有另一份工作），我也不知道自己究竟在做什么——大学没有教会我任何实用的东西。但是我还是想办法做下去。

我打电话向朋友求助："新闻稿是什么？长什么样子？可以传真一份给我参考吗？"

（传真？什么年代？我知道你会这样想。）

我因此知道了自己有能力。

我不遗余力。这是需要才智的工作，而且我做得有声有色，尽管都是些小事。我的上司贝哈很满意，他也是个好老师。接到他电话的时候，我觉得这是人生给我的机会，答应他果然是对的。我很快乐。

正当我以为自己要在电影界发光发热时，我认识了一位插画家。我至今还清楚地记得那一刻。当时我正和几个朋友一起喝咖啡，有位迷人的金发女子入座，她是朋友带来的。

我问她做哪一行，她说："我是插画家。"我记得自己满脸通红，因为我一激动就是这副德行。

我恳求她带我去看她的工作室，缠着她聊工作。她同意了，我们共度了一个下午。当时我对插画一无所知，只知道自己有兴趣。那个下午，她回答了我所有问题，虽然内容可能不深入，却足以让我决定投身这个行业试试看。

长久以来深藏内心的梦想，那一刻又当头袭来。我终于决定拿出实际行动了。

我给了自己一年的时间，如果不成功，我还可以继续做普通的工作。

我要花一年的时间成为插画家。我辞掉所有工作，希望自己心无旁骛。

想象一下我妈妈的反应吧。

承担失败的风险。

我告别贝哈，给他看了我的第一批插画——糟到极点（大家可以想象他的表情）。重拾书本已经太晚（我也没钱），所以我决定自学。我的计划就是拿出所有积蓄（其实我身无分文）到巴黎，把作品展示给相关人士（但是我一个也不认识）。

我答应自己，无论如何，一定要大胆拿出作品。

重点就是抛开疑虑。我有当插画家的天分吗？这是适合我的职业吗？在找到确定的答案之前，我不愿意回去过以前的日子。

失败或是梦想粉碎的风险都没能阻止我，我知道这个决定强过一辈子后悔。况且我已经让全家失望，也毫无积蓄，反正没有任何损失。我渴望知道答案。

那一年可精彩了。我在马赛和巴黎之间来来回回，吃了很多闭门羹。常常扛着奇厚无比的作品集淋雨，或是迷失在巴黎地铁中。常常窝在朋友玛蕾的沙发上过夜。她是个圣人，一次也没有抱怨过。

我在桌前花了整整一年，揣摩别人的作品和技巧。为了画出一张好作品，可能得画一百张“鬼画符”。多亏了许多善良的美术编辑，他们愿意见我，也给了我严厉的意见。当时我买了第一台计算机。（那是我爸付的钱，因为我硬着头皮打了电话：“爸，你知道我从来不拜托你，但是这次真的需要你帮忙。”）第一次试着用绘图软件作画，第一次开设网站，将作品放到网络上。

我第一次接到的委托来自一家地方杂志，后来又接到全国性杂志的委托。

我成插画家了！好不容易！妈，你看！

但是我没有时间享受成功——现实正在敲门，而且比以往敲得更急迫。我当时才知道，为杂志画半页插画大概只能赚 300 美元。

真糟糕！

我画一张插画要花两周的时间。我真的算过。

我早就认清艺术家的生活并不宽裕，但是我突然明白，照这种赚钱速度，我恐怕会沦为桥下游民，应了母亲的预言。

运用现有的资源。

别无选择，必须画得更快，我下定决心。

如果我每小时能完成一幅插画，而且大部分都卖得掉（各位先生女士，请为我的计划鼓掌），就能以此维持生计。

我必须拼命练习，想要彻底改变插画风格。这次得比上次快三倍，因为光阴不等人。我决定用绘图软件完成整幅作品，以加快速度。我知道我没时间再回到巴黎，不断骚扰随机挑选作品的美术编辑。我必须得到明确又诚实的意见，而且要快。

我需要新方法来展示作品。

当时是 2006 年，法国才刚开始有博客，但是还没有非常成功的案例。当时的博客不太漂亮，也不注重视觉效果。

但是我需要推销自己的作品，而且要找到快速又廉价的方法，开博客似乎是个好方法。想象力和博客，是我当时仅有的东西。

为了把作品集放到网上，我已经对程序设计略知一二了。我知道如何美化博客，也知道如何控制博客的更新节奏。我每两天放一幅新作品，每幅作品只能花一小时完成，不能再多。

慢着，如果失败呢？

在网络上展示作品是我做过最面向公众展示自己的事情，况且在 2006 年，开博客并不是什么帅气的事情，更不是可以吹嘘的丰功伟业。

提到博客，别人的反应可能是：

“哈？什么？博客？那是什么鬼？”

我决定起个笔名。

我不爱诡异的笔名（没错，我想的就是你啊，嘎嘎小姐），所以决定选个真实的姓氏。我找来三个最好的姐妹，向她们提起这件事。我已经选定了“多尔”这个姓氏，因为这是我最早认识的插画家的名字。闺密莎拉帮我取了名字，“嘉兰丝”。

嘉兰丝·多尔。

这就是我的故事的由来。一台计算机、一个名字和一个梦想。

以及为摆脱多年失败和挫折的无限动力。

爱你所选。

我爱上了博客。

我没想到自己这么爱写博客。

起初我只是为了训练自己的画画速度，认为这个方法可以得到诚实的回馈，帮助自己进步。后来的发展却是我始料未及的。

我喜欢在博客上分享作品，也会回复每则留言。每天都希望自己进步，无时无刻不挂念着。我简直深深爱上了它。

我清楚记得每个“第一次”，就像谈恋爱一样。

第一次上传插画。我记得当时的疑虑，但我又想：有什么损失呢？反正没有人会看到我。

第一次上传文字搭配插画，第一次收到留言。

第一次有博客打出我的链接，因此我的博客访客大增。

第一次在一幅作品下收获 18 条留言，当时我打电话给男友：“我的天啊，太疯狂啦！”

还有我订阅的每个博客。我很爱，非常爱我做的事情。博客没给我带来任何收入——当时还没有人想到靠博客赚钱。但是我生平第一次深深爱上了自己的工作，也觉得自己的能力还不赖。

大家留言鼓励我，我还有粉丝呢！来自陌生国度的陌生人每天看博客，告诉我他们有多爱我的文章和插画。

直至今天，带给我最多欢乐的还是博客。

我常在博客上聊到时尚，因为这是我的兴趣，我向来热衷时尚杂志，也深信通过时尚，我们可以表达从最肤浅到最深奥的想法。

显而易见，我的一小时规则没维持太久。甚至整个假期，我都比朋友早起，就为了挤出几小时写博客。

换句话说，我深爱我的选择。

把握良机。

当时的我不知道，其实我已经翻开了人生全新的一页。

自己虽然毫无所觉，但是我站上了即将改写世界的风口浪尖。

博客蔚然成风，插画家成为新兴行业，热爱时尚的人蠢蠢欲动。

但我的博客却是第一个热爱时尚的插画家的博客。杂志开始找上门，希望专访我。起初我不希望露脸——这就是我改名的原因之一——却没能坚持太久。

渐渐有人开始约稿，提供更好的工作，更多的酬劳。我先前就决定不提自己住在马赛，因为我去过巴黎几趟，发现时尚界的人并不特别看重马赛。

事后证明这个决定相当聪明，却搞得我的生活七荤八素。

男友不想离开南法，但是我认为这是我的大好机会。人们约我碰面详谈，想都没想到我住在巴黎以外的地方。因此我决定搬到巴黎试试看，因为预算非常少，住个几周就撑不下去了。

但是我要去巴黎！！这是以前连做梦都不敢想的事啊。

那次的尝试很辛苦。巴黎是个灰暗的城市，人们没时间为你稍作停留。公寓狭小，没钱更是寸步难行。我仿佛又回到了学生时代，31 岁还得睡沙发床。

那却是我人生头一次对工作投入满腔热血，我很快乐，拼命工作。而且工作不只是工作，我画得很开心。

我甚至开始赚钱了。

人们通过博客了解我的工作，因此人们不仅请我画画，也请我写短文。这种发展完全出乎我的意料：我想都没想过别人会对我的文章感兴趣。我当读者是朋友，而且手写我口。我不必绞尽脑汁，不需要寻找某种风格。我不在乎自己是否完美，只是单纯喜欢分享自己的心情，用简单的文字抒发看法。

搬到巴黎是我这一生最疯狂的决定，也为我打开了机会之门：人生就在巴黎等着我，我就此住下，再也没回马赛。

质疑自己的信念。

有好长一段时间，我说服自己不该要求太多，怀抱远大梦想简直丢死人了。

我刚搬到巴黎时，没有任何想法，但是你知道巴黎每年两度举办什么活动吗？时装周。

2007 年，巴黎时装周的知名度不如今时今日。没有穿搭达人，没有影像直播，style 网站才刚问世。噢，还有一个人开了一个专搞平民街拍的博客：the Sartorialist。

我决定和朋友去看看。“带上相机！”朋友说。

有两件事情同时发生了：

1. 我发现自己有摄影天分。

2. 我又恋爱了。

我踏进当时时装周的中心——杜乐丽花园，有个朋友随口介绍我认识斯科特·斯库曼，也就是博客 the Sartorialist 的博主。认识他，不仅是一段友情与爱情的开始。

对我而言，认识他，就是认识美国。

其实很单纯。起初，我们常吵架。我们经常在时装秀或聚会遇到，因此成了朋友。我们俩的想法南辕北辙，聊到最后往往吵起来。

他完全不了解我。

就拿我对博客的态度当例子吧：

“这只是我的爱好！不是工作！我是插画家！”

他说我的眼界狭小。

我聊到其他博客时：

“如果我太把自己当回事，还想利用博客经营事业，其他人会怎么想？”

他说我太在乎别人的意见。

至于投资更好的相机：

“有什么必要？我拍照只是兴趣！我不是摄影师，我是插画家。”

他说我故步自封。

我会顶嘴，但是最后一定会听从他的建议。内心深处，我希望相信他“凡事都有可能”的美式观点，我希望相信他说的“只要你懂得左右别人的情绪，就能从中牟利”（我自然是发出惊恐的叫声）。他挑战我的既有想法，要我质疑原本的信念，虽然很痛苦，但是我觉得世界之门渐渐为我开启了。我终于张开了眼睛。

自创规则。

我决定打破枷锁，不只在博客上发表插画，也开始认真对待摄影这件事，把照片上传到博客。

发表照片带来的影响超乎我的想象。照片有实时性，而且不需要文字就能让每个人了解。因此照片将我的博客带往全新的境界。

我的博客彻底国际化。

照片让我云游四海——博客越出名，就有越多人请我到世界各地拍照，而且时时都有新邀请，我几乎不算定居巴黎，也不住在任何一个地方。

博客就在此时声名大噪。

大项目开始找上门来。我帮时尚杂志拍专题，会见主编，写专栏。甚至懵懵懂懂地开始在博客上打广告。帮品牌拍摄系列照片，接受杂志专访，参加晚宴，成为时装秀前排的座上宾。这些事情都是我的初体验。

这种生活像一场梦，没有人可以指引我。时尚业虽然即将对我敞开大门，但我不懂业界的小规则，也许因此犯了一些错误。

但是，如果我清楚业界的规矩，肯定无法走到今天这一步。我会太过害怕，太过胆怯，肯定半途而废——当年的纯真无知反而对我有好处。

我也学会如何学习，如何从无到有，如何发问，如何结交善良的友伴，如何相信直觉。

因为我的世界才刚成形，一切还混沌不明，所以我自创规则。

此后的发展可以说是顺风顺水。我的博客越来越出名，街上常有人认出我，有人联络我，希望上我的博客。节目单位邀请我上电视，我接到过许多不可思议的工作，有出版社请我写书。我得学着拒绝别人。我搬到纽约后，《纽约时报》访问我。我获得了相当于时尚界奥斯卡奖的美国时尚设计师协会（CFDA）奖，而且还是头一次有博主拿到这个奖。时代变了。

10

你必须
自己定义成功。

追随能量。

所以我们才有今天。

我还记得那天在巴黎因为工作量超载，我决定聘请助理处理电邮。那是嘉兰丝·多尔工作室的开始。

好，我们就来聊聊这个名字。知道我为什么给它取名为“工作室”吗？因为我起步的地方就是巴黎狭小的工作室。“工作室”给我一种很大且大胆的感觉，但其实相当讽刺。我每次想到都会开怀大笑。

每次回想当年都觉得不可思议，因为如今我有一个宽敞明亮、可以俯瞰纽约天际线的真正工作室。

还有，我热爱的团队。

在伴随成功而来的压力和各种问题令我困惑之际，斯科特建议我想想自己要什么：

尽可能赚大钱？

成为时尚界大咖？

上电视成为名人？

继续过日子，什么也不改变？

他说：“你必须自己定义成功。”

对某些人而言，成功可能是当老师，教化年轻学子。

对某些人而言，成功就是登上 *Vogue* 杂志的封面。

我花了很长时间才描绘出何谓成功。我慢慢来，学着听从直觉，才渐渐勾勒出自己的想法。

对我而言，成功就是成为创意的一部分，最重要的是，成功就是觉得自在不羁。身边有自己热爱的团队，在美丽而充满启发的环境中工作。

此外，为了追求我心目中的成功，我也学会了相信自己，追随能量——环境的能量和人们的能量。我感受着能量，同时给世界注入能量。

因此，当事情停滞不前、慢下来或变得复杂时，我可以察觉，并做出相应的改变。

例如父母拒绝我追寻艺术梦想时，或是学业一落千丈时，我就该察觉了。

而天时地利人和时，我知道要点头接受，即使不知道会走向何方。

就像当时我可以拒绝那通奇怪的电话，却还是同意了贝哈的要求；又如同我开始经营博客时，自己的满腔热血与能量。

人生很短，应该活得精彩。我们实在没有浪费时间的借口。✕

AT THE SHOWS

参加时装秀

请随我进入时装秀的星球。

那是个光鲜亮丽又疯狂荒诞的世界……

我不懈努力，将事业推上轨道，
愿意冒险，也懂得追随时势。

最后我终于成了巴黎时装周前排的座上宾，得到时尚界的认可。

当然，起初只能站着欣赏小规模的时装秀。
（好吧，有时根本没有受邀，只好虚张声势，假装搞丢了邀请函。）
但是几年后，在所有大品牌的秀场，
都可以看到我紧张兮兮地坐在业界最严厉的总编身边，
或是故作轻松地和名流同座。
时装秀是完全不同的世界。
精彩、令人憔悴又疯狂。想一窥究竟吗？好吧，请跟我来……
我们打开天窗说亮话。每逢时装周，我就会茫然不知所措。
应该说，每逢各个时装周。

因为纽约之后是伦敦、米兰、巴黎……听起来似乎是个美梦？是不是？
有一天，时装秀结束之后，我发现自己不知道该不该去后台拥抱设计师，
此时我才知道自己茫然失措。
我和他合作过，聊过彼此的人生故事，但是时尚人士不都是这样吗？
他会认为我该在时装秀结束后去后台吗？如果我提早开溜，他会难过吗？

疑惑的我跟着兴奋的人潮冲向后台，
等着见已经被抱过几百次、听过无数恭贺的设计师。他看到我在人群中，
似乎很开心……吧。
犹豫片刻之后，他叫我：“亲爱的。”这表示他认得我，对不对？
我不太确定。所以我决定去喝杯咖啡，醒醒脑。
也许我应该选个更隐秘的地方，
而不是圣奥诺雷街的 Le Castiglione 餐厅。
（时装周期间，大概只有这里比 T 台更公开了。）

我还没点完饮料，一个造型师朋友就坐到了我身边，说道：
“废话，我们当然快要发疯了！喝香槟当早餐，有人当你是王公贵族，
有人对你不屑一顾，同时还得全程穿着高跟鞋。
随时都要跟不认识的陌生人闲聊。
同一群面孔看了一个月，但你最后根本不记得那些人，
只好每个人都互称‘亲爱的’。
此外，现在还得发推特。
况且在时装秀后只有三个人，苏西、凯茜和艾曼纽是设计师希望见到的。
安娜则是在时装秀前就打过招呼了。你站在这些人中间根本就是个跑龙套的。”
最后她终于下了恐怖的定论：“时装周和以前不一样了。”
我附和地点点头，其实我哪知道?
我最近才踏入时尚业，不够老练，才觉得不知所措，却又不算菜鸟，
不相信这些事情都是理所当然。

不知不觉中，我已经成了时尚圈的人。

业界人士在时装周该做什么呢? 首先，你必须工作。哈，很无聊，我知道。

哪些人在时装周工作?

有媒体——评论人士会对新装发表意见；
有时尚总编，他们去那里寻找下一期专题的灵感。

还有采购和零售商，
他们去选购下一季的商品（这些采购可重要了）。
他们会仔细评估专家的意见，决定下一年度要采买哪些款式，
结果每年都和前一年一样。

当然，还有卖命工作的摄影师、公关、化妆师、设计师和模特儿。

还有相对没那么辛苦的人。

有后起之秀——也许该称她们为潮女（it-girls），她们的任务就是出现在摄影师的镜头中。根据个人所代表的品牌，穿出年轻快乐的女孩形象，或是年轻性感的风格。

人们很容易在前排看到潮女，即使现在有这样的声音：
“拜托，她们都有公关，时装秀很难请到她们！”或是“拜托，大家都看够这些潮女了，随时随地都能看到她们，别再请她们了！”

此外还有名流，他们的目的是：

1. 如果事业在走下坡路，就要出场露脸。
2. 如果事业一帆风顺，也要出场露脸，支持付大钱雇他们当缪斯的品牌。
3. 如果对时尚有兴趣，更要看时装秀。我不是说着玩，有些人真的感兴趣。

其实名人喜欢参加时装周，因为他们鲜少有机会遭到冷遇。他们进门时得忍受人潮推挤，坐上 45 分钟等时装秀揭幕，尽管热得要命也没人端饮料给他们，最重要的是，没人认得他们。

时尚人士永远不会对那些明星点头哈腰。你疯了吗?
此外，时尚人士住在平行宇宙，就算旁边坐的是蕾哈娜，
他们可能真的不认得。
刚离开阳光普照、逢迎谄媚的好莱坞，
出席时装秀的明星艺人都觉得格外新奇。
但是如同我们所说，谁在乎他们啊?
回到时装秀上吧。
时装秀就是人们工作的地方，其他人只能自己管好自己了。

盛装出席：一切都是相对论。

如同某个睿智的朋友所言："这是陷阱！即使我不想盛装出席时装秀，
也决定不把这事放在心上，大家还是认为我在努力打扮，
还说什么'她拼了老命，就只能穿成这样'？"
即使你天生流着时尚的血液，依旧要努力打扮。
你得拖着三个行李箱在欧洲旅行，而且每个都重达23公斤。
你只有在最后一刻才能冲动购物（我一定要买吉尔·桑达的帽子！），
而且无论你多努力，永远都觉得不够完美。

东奔西跑：大量运动，还得穿着入时。

你可以雇用司机（好处：深色玻璃更添神秘气息，可以从后座优雅下车，可以在奔驰车上办小派对；缺点：无止境的塞车）。
骑单车（优点：很酷，还可以运动小腿肌肉；缺点：得忍受风吹雨打，而且发型永远都很窝囊）。或搭出租车，但是在米兰和巴黎恐怕很难叫到车。
至于地铁嘛，如果你看了朗雯的时装秀，并和安娜·戴洛·罗索喝过咖啡后，
还能忍受反差极大的现实世界，那么尽管搭吧。

收到邀请函：数学再好也算不出受邀概率。

现在的时装秀，趋势就是谁也不邀请。
放心，规模庞大、华丽壮观、令人难忘的时装秀还在继续。

我的
时装周
必备单品

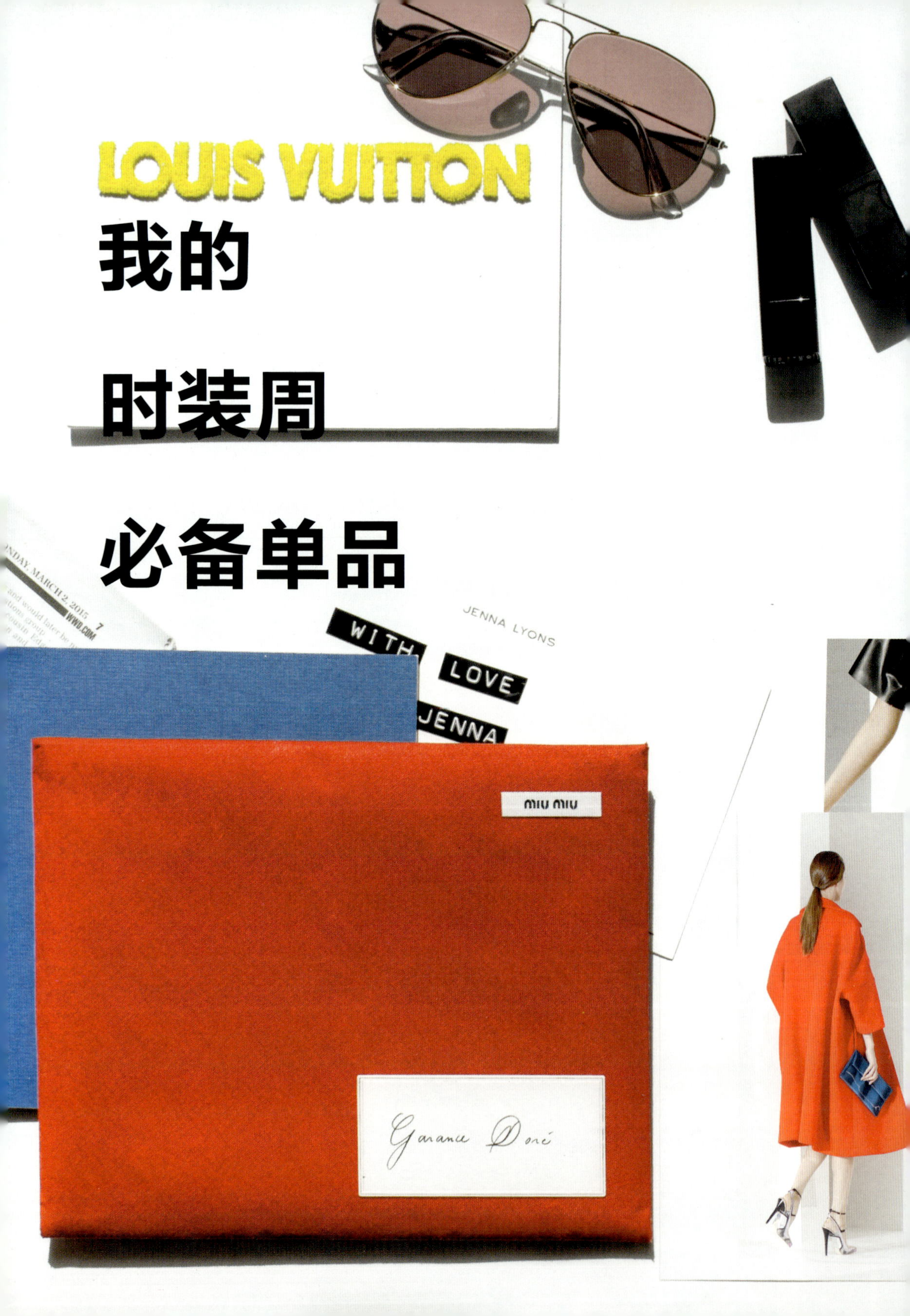
LOUIS VUITTON
JENNA LYONS
WITH
LOVE
JENNA
miu miu
Garance Doré
WWD.COM

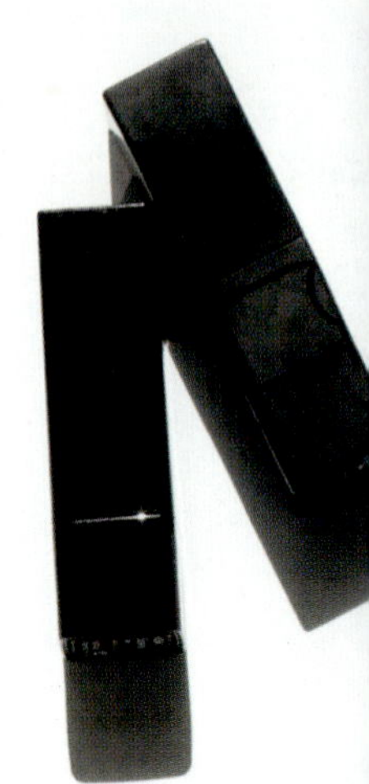

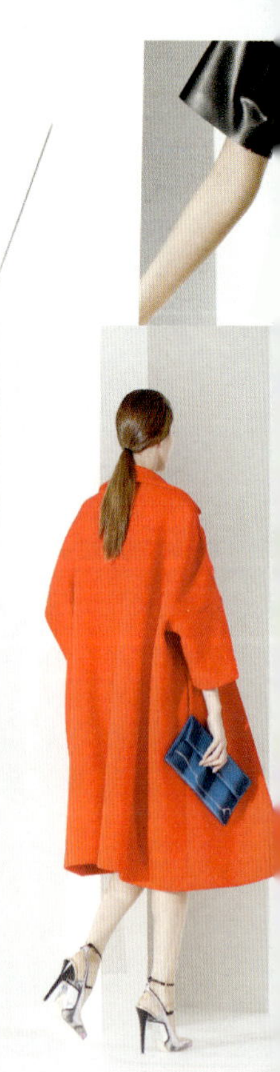

邀请函

地铁票

饭店门卡

化妆品

墨镜

记事本

随着时装周变成万众瞩目的重量级活动，
时尚界的反应却是退却三分，悄悄地说:“要精英，要秘密，不要开放给阿猫阿狗！”
然后大幅删减宾客名单，最后可能只剩……5 个人吧。

“我就知道！”开场前一小时才收到巴黎世家邀请函的少数人欢呼道。

“糟糕！我没法赶去，真可惜，我排了一个重要会议。”其他人（没受邀的那些）说。
没有人会在巴黎世家办时装秀期间安排任何会议。

就座入席：身价大盘点。

收到邀请函是好事，但是重头戏还在后头，你得拿到前排的座位。
这就像搭地铁，你当然想找到位子坐下，却只能假装站着也无所谓。

啊，前排啊前排。
坐在那里才会被拍到，别人才看得到你，你才能成为镁光灯追逐的目标。
前排宾客会交换最隐秘的八卦，你也能得到和明星艺人并肩而坐的快感。

也就是：坐在蕾哈娜身边。

顺带一提，前排才能看清楚新装。
不过别担心，就算你因为忙着偷拍蕾哈娜的美甲而错过，
时装秀一结束，你也能上网看到。

整场时装秀已经被上传，全世界的人都能看到。

和 140 人闲聊：你从没想过需要这种技能。

如今有人会把电话塞到你手里说：
“在推特上发文、上照片墙（Instagram）和大家交流，否则你就完蛋了。”

如果你是记者，这么做是为了报社；
如果你是采购，则是为了公司；
如果你不满 25 岁，这纯粹是你的本能。

总而言之，不要逼疯自己。学学我——推特一片空白。

用餐：有何不可？

有空就赶快去吃。
在时装周，用餐不是什么有趣的话题。

参加派对：我很想。

据说在时装周工作的人没时间参加派对，这是真的。
晚上得花时间发文、下订单、编辑照片。
所以工作量比较少的人会去，他们会炒热派对气氛，还拼命发博客惹恼你。

如果可以，在时装周时，我真希望每晚都能参加派对。
你们看过 *Vogue* 的派对照片吗？

棒极了。
想知道我在时装周期间晚上都做些什么吗？事实就是：客房服务。

不出席：停止茫然的最佳方法。

有种观念正如火如荼地蔓延：不出席时装周。
有个朋友因为在孕期而无法出席时装周，因而发现了这个方法。
她坐在计算机前喝抹茶拿铁，
上遍所有时尚网站，推特、照片墙和优兔（YouTube）。她的结论是：
“我什么都看到了，也知道秀场发生的每件事。我看了每场时装秀，甚至包括思琳的现场直播。我马上就知道大家对新装的反应。我知道哪些派对办得很精彩，谁和谁一起出席，甚至看到了新品展示间里的状况。太棒了，我本人去都看不到网站上的四分之一呢！”

看来真正的时尚圈内人已经落伍了。

24h

IN THE LIFE OF GARANCE DORÉ
FREELANCER, ENTREPRENEUR, BOSS

我的 24 小时，

一个自由专栏作家、
企业家、老板

2007

我是自由作家，所以在家工作。不然怎么会在诡异的时段发文？

7：00——我很幸运，养了一只早起的猫。一大早，我那只肥胖优雅、饥饿的猫科室友就会催我起床。我穿上~~破旧运动裤~~帅气的休闲服，喝点~~浓咖啡~~柠檬水，然后一边~~上脸书找朋友~~读《法国世界报》，一边做早餐。

9：30~~——浏览过街角书报摊的杂志~~上完瑜伽课之后，我~~在浴缸中睡着~~冲凉恢复精神。之后，我准备看看~~其他博客~~记事本。四小时之后，充满~~罪恶感~~成就感地开始打电话。

13：30——这时开始~~煮意大利面~~烫青菜当午餐，同时~~看电视~~和朋友闲聊。稍微打个盹儿喝点儿咖啡，便开始工作。

我最喜欢下午时光。一切显得恬淡宁静，最适合~~逛街~~制订计划。专心~~逛百货~~做事时，总觉得光阴飞逝。

18：00~~——开始恐慌~~该休息了。我泡壶茶，而且喜欢配~~一盒饼干~~一个苹果。接着又回去工作一两个小时，就为了~~减少罪恶感~~完成几个项目。

20：15——男友即将回家，一天就快结束。虽然筋疲力尽，我还是得去~~花神咖啡~~盛大的晚宴社交。

23：00——过完充实的一天，我~~烂醉~~开心地回家，准备迎接另一个崭新的日子。

自由作家的生活真辛苦。

2012

我是自由……企业家。好吧，我喜欢当自己还是自由作家，只是事情有所转变。我们看看 2012 年的行程表吧。

6：30——我早起，听到手机闹钟响~~了 45 分钟~~，立刻跳下床，套上~~2007 年买的运动裤~~瑜伽服。

我~~速速看过推特~~喝了一大杯水之后，就开始例行 45 分钟的~~阅读麦片盒子背面成分标示~~瑜伽和冥想。

8：45——员工就快来了。我的住处即将成为工作场所，要打起精神，以身作则带领团队。我~~一边浏览汤乐博（Tumblr）一边做白日梦~~冲进淋浴间，考虑要穿哪套超级干练的服装，才能化身为既鼓舞人心，又和蔼可亲的老板。

9：00——我~~还穿着运动裤~~坐到桌前。助理埃米莉带着灿烂的微笑和星巴克马克杯走来，提醒我稍后要开会。

啊，~~真糟糕~~太棒了！我~~彻底忘记~~准备就绪：我~~看到什么抓什么~~穿成自己该有的模样，头发~~打结~~梳得整齐利落，打开埃米莉帮我准备的演示文稿，我~~待会儿一定会忘在她桌上~~早就背得滚瓜烂熟，就此展开令人振奋的全新一天。

无论拍照、开会，或是~~在太靠近工作场所的厨房牛饮热巧克力~~为头脑风暴，我的效率都很高。

13：00——啊，午餐时间到了。大家都知道，职业女性必须利用午休时间交际。因此我每天都和~~男友~~不同的朋友共餐，努力~~填饱肚子~~扩大人际网络。

午餐过后，我走回工作室。对了，我刚才提到了吗，我没有办公桌。没错，我太~~散漫~~有创意，所以不需要。

只要有灵感，我就~~歪歪倒倒地躺在沙发上~~工作。工作室的同人都认为我这个习惯格外~~惹人厌~~令人振奋。

到处都能看到我~~邋遢的痕迹~~创作的过程，同事们都觉得很棒。好比说硬盘、闪存盘、绘图板……你不知道何时~~会踩到我的画笔~~我的作品会让你大开眼界。

16：00——我开始~~觉得恐慌，因为我还没写隔天的发文准备资料，~~准备开会讨论的某个案子。我的博客向来是~~临时抱佛脚~~进度远远超前，所以我总是~~紧张兮兮~~十分从容。

为了重振精神，我像个纽约客一样，热爱~~灰狗咖啡店的饼干（500 卡路里）~~绿茶。

19：30——大家还在工作室，但是我已经开始赶人。他们大概半小时才会走光，不知道他们为何老爱在办公室逗留，也许和我一整天散发出来的~~激动情绪~~平静能量有关。

我提醒大家，~~我~~他们还有人生要过，再热爱工作，也要出去走走才能掌握世界脉动。

语毕，我立马在他们背后关上门，跳到男友怀里，选部电影看，彻底放松，~~完全不顾~~感受世界脉动。

2015

嘉兰丝·多尔，创办人、创意总监、总裁。

大家是不是很爱这些头衔？我刚封给自己的。

我的工作已有很大提升——尽管我内心深处还是无法相信自己竟然有了工作室，还有团队一起共事。然而事实摆在眼前，我有7个员工、3个经纪人、2个律师，还有一间货真价实的工作室。各位，我要负担营运成本。所以我的生活又有所改变，以下就是我2015年的日常作息……

7：30——我慌慌张张地很早起床。闹钟通常设定为6：30，~~然后一路响到8点，我喝一大壶咖啡并吃了点儿面包~~约了健身教练。当你肩负专业重任时，一定要找时间~~浏览拼趣（Pinterest）~~保持健美身材。

然后跳进淋浴间，穿上~~昨天同一条牛仔裤和T恤~~简单却不失优雅的服装，然后走向工作室，比员工~~晚两小时~~更早抵达。这个时间~~和妹妹讨论颇特女士网站上的新品~~工作最有效率，我检查~~照片墙~~邮箱、~~推特~~日程表，然后和同事讨论~~格温妮丝·帕特洛的八卦~~一天的计划。

11：00——糟糕，~~11点才开工~~人一专心，就觉得时光飞逝。此时我已经饿坏了，所以我先~~偷吃同事的零食~~点了午餐。然后休息，~~喝第十五杯咖啡~~在办公室打坐5分钟。我很爱这个地方，因为光线充裕，~~杂乱无章~~摆设简约。

11：10——我又开始工作，而且该见客户了。我通常~~直接从造型室抓一套~~早上就选好衣服，然后~~落在公寓里~~带去上班。生活和工作的空间区分开，~~根本令人手忙脚乱~~实在太棒了！

14 ： 05——下午可能有各式各样的安排。我可能去拍照、开会、用计算机画画。有时也会去演讲，但是最令我开心的就是~~在工作室沙发上打盹儿~~准备杂志专题会议。

16 ： 00——杂志专题会议开始。这些会议很重要，所以我希望~~随心所欲发表我的想法~~主题明确，~~依照当天灵感可长可短~~准时结束。我们一定会准备~~马卡龙、香蕉松饼和咸饼干~~水果和健康果汁，补充能量。

灵感枯竭时，我们会~~开一瓶葡萄酒~~一起头脑风暴。

真不知道我的团队该怎么配合我对工作~~胡乱~~迸发的热情，但他们做得很好。当他们遇到瓶颈，就会来找我~~聊聊天以转移注意力~~索要建议。我最擅长~~侵犯他们的私人空间、随机发起派对、要大家早点回家~~帮整个团队调节良好的工作节奏。

19 ： 00——会议结束，我该~~听着碧昂丝的歌曲散步回~~家穿上高跟鞋去喝一杯。我喜欢利用晚间~~连续看 12 集的《权力的游戏》~~找朋友叙旧，交换想法。这就是~~其他人~~我在纽约过的生活。

22 ： 15——漫长的一天结束，我睡觉前~~吃完整桶本与杰瑞（Ben&Jerry’s）冰激凌~~打坐冥想。所以早上起床才会觉得~~水肿不堪~~精神抖擞，准备~~飞踢闹钟~~征服世界。

全世界
都是
我的工作室

无论身在何方——飞机上、海边、车上……
只要可以上网，我就能工作。
有了绘画板，我可以直接在计算机上作画，然后上传到博客。
我随时带着相机和蓝牙无线音箱听音乐。
我通常用平板电脑写文章，但是最终要用电脑整合。
其他用品则是带了最好，没带也无所谓：
水彩颜料、一对好耳塞（我画画时喜欢听音乐，但是写文章时无法忍受任何声音）、
笔记本，或是我茫然面对白纸时可以带给我灵感的书籍。
啊，当然还有黑巧克力。

EOS
5D

ON CAREER

DIANE VON FURSTHENBERG

事业谈

一对一专访带给我莫大启发的女性

黛安·冯芙丝汀宝

嘉兰丝·多尔（以下简称多尔）：你面对工作和人生的态度都令我向往。当初是怎么开创事业的？

黛安·冯芙丝汀宝（以下简称黛）：我以前不见得知道自己想做什么，但是我很早就知道自己想成为独立女性，当人生的主人，有办法付账单，不必依靠男人。有没有情人则是我的选择。

多尔：你有多看重别人的想法？

黛：最重要的是自己的意见。这辈子最重要的人际关系就是如何自处。只要认清这两点，其他的关系只是加分，不是必需品。

多尔：如果觉得自己做的某件事情一败涂地，你如何面对这些痛苦时刻？

黛：最低潮的时期，可能就是人生最耐人寻味的阶段，因为你会质疑自己，然后重新创造。

多尔：你会请教别人吗？

黛：会，但是我从来不听（大笑）。

多尔：你对在职场上努力奋斗的女性有什么建议？

黛：第一，先找出自己的专长，接着全力以赴。态度必须认真，但是心胸要开阔。随时都要接受新事物、新朋友。这就是人生的美妙之处，况且人生苦短。

PARIS VS. NEW YORK

THINGS NEW YORKERS DO

巴黎与纽约

纽约客的习惯

我搬到纽约之后发生了许多事情。

我学会如何搭纽约的地铁，学会如何不说法语，
学会如何按摩羽衣甘蓝菜（对，要按摩它！）。
噢，而且我观察到（当然也会耻笑一番）纽约客的某些习惯，
后来才发现自己已经成了其中一员。

没错，我承认，这些习惯包括……

纽约客和我都会做的事。

- ✕ 为了叫出租车而大动肝火。对着出租车大叫，因为车子虽然亮着灯，却不停下来。威胁抢走你出租车的人，对他骂尽脏话，然后看到路人对你竖起大拇指。最后还是得滚去搭地铁。
- ✕ 心想，纽约地铁其实还不错！我应该经常搭！
- ✕ 手上永远有一杯外带咖啡。
- ✕ 有自己独特的点咖啡法。我的是什么？中杯拿铁、咖啡半份。而且点的时候，没有人会用奇怪的眼光看我。
- ✕ 每天都计划健身，可是一次也没走到健身房，以致超有罪恶感，最后只能在夜店喝龙舌兰，和朋友抱怨纽约的标准真是逼死人。
- ✕ 嘴里聊着健康食物、养生食法、大肠水疗，手里却抓着“黑市”的汉堡，因为那是纽约最好吃的汉堡。
- ✕ 坚称自己知道纽约最好吃的汉堡。
- ✕ 用钱买一切。早餐、午餐、晚餐、咖啡、红酒、逛街、衣服、电影。随时随地，什么都用买的。
- ✕ 说：“我要去瑜伽生活营度假。”
- ✕ 说：“因为这周水星逆行，我不能签任何合约。”
- ✕ 说：“我需要一个灵性治疗师，你认识好的治疗师吗？”
- ✕ 用“天啊”当发语词和结语词，并且用来表达悲伤、欢乐、惊喜、愤怒、厌烦、愉悦等情绪。天啊，就是这样！

- 说："天啊，我们一定要约出来喝咖啡！"然后永远不再联络。

- 穿运动裤去做任何事——健身房、遛狗、买熟食、做脸部护理、闲逛、和朋友约吃早午餐（还谎称自己刚离开健身房，记得挑个合适的腮红）。总之，每时每刻，都穿运动裤。

- 一发现自己答应赴约的餐厅位于布鲁克林区，几乎吓得失禁。

- 虽然和朋友住在同一条街，却好几个月不见面，还发牢骚说大家都太忙了。结果却听到自己说："一起吃饭？当然好啊！3 周后可以吗？"

- 花 3 周计划上述那顿晚餐，寄出 1000 封电邮，只为把 4 个朋友聚在一起，再和餐厅通 1 小时电话，只为在合适的时间订到位置绝佳的桌子（好吧好吧，只要有桌子就好，21 ：30 也可以啦）。结果……

- 21 ：27 取消，因为"啊，天啊，我累坏了。如果我不去……你会生气吗？"

- 无动于衷地说"卡梅隆·迪亚茨就坐在你后面"，"烦死了，《女孩们》又在我这条街拍摄"，"没错，今天我家门外站了一堆娱乐记者"。

- 随时都有好心情。常保持微笑，和街上的陌生人闲聊，和蔼可亲，帮人开门，保持教养，除非有坏人想偷你的出租车。

- 从来不带现金，如果某些店家只收现金，马上就脑子空白。哈？现金？怎么回事？为什么？

- 即使这只是你们第三次见面，也会热情拥抱对方，仿佛是多年不见的好姐妹。

- 对和善的人说："我的天啊，我好爱你。"

- 说："不会吧，那个人？他专追模特儿。"

- 两年后才有办法对深爱的男人说："我爱你。"

- 几乎对所有事情都非常亢奋，随时随地都在工作，手边永远有新项目，同时进行 75 件事，仍然觉得自己做得不够多。

纽约客会做，
我却还没染上的习惯，谢天谢地。

- 把周末安排得像是开学第一周的星期一：9 ：00，瑜伽；11 ：00，较早的早午餐；13 ：00，和情人共进午餐；15 ：00，和闺密去做指甲；17 ：00，跑遍全城寻找晚上要穿的衣服；18 ：30，喝鸡尾酒；20 ：00，晚餐；23 ：00，出发去跳舞。

- 隔天找不同的人，约不同的地方，同样的行程再跑一趟。（我个人比较赞成完全不计划，然后找朋友出来聚聚，没有行程的情况下尽可能在一个地方待得久一些，纽约的朋友开始觉得这很诡异。我就说："这不奇怪，我是法国人。"）

- ✕ 在公司的计算机前吃午餐。
- ✕ 工作到凌晨两点都不抱怨，因为这就是从事"创意"工作的代价。好吧，也会发点牢骚，却不是真心的埋怨。
- ✕ 发誓动感单车、美型芭蕾和身体 57 这三种不同的健身方法可以打造出完美的肌肉线条，然而这三种方法都非常困难、价格昂贵，而且课程还一位难求。"对对对，嘉兰丝，你说得都对，可是你一定要试试看！我的人生就此改变！我已经上瘾了！"朋友说。
- ✕ 养狗，还请专人来遛狗，把狗寄养在专业的狗狗旅馆，好让宠物有机会与其他同类社交、玩耍（是的，狗狗也要用到"社交"这个词），而不是把狗养在家里等你回家。这种方法更棒！
- ✕ 每年花 10000 美元请健身教练，还辩称只要有了完美体态，就会少花钱逛街购物。这个理论根本是胡说八道。
- ✕ 每个周末忍受"神圣的早午餐"惯例，大家得大吼大叫才能听到对方说话，摩肩接踵地坐在一起，菜单中只有蛋能点，而且叉子还没放回盘子里，账单就被丢到桌上。然后下周重复同样的事情。
- ✕ 假装兴致勃勃地和派对宾客聊天，其实已经开始打量四周，寻找下一个寒暄的对象。
- ✕ 到图卢姆、汉普顿或北部度假，"躲开压力繁重的纽约生活"，却发现全纽约客都有同样的思维，结果度假晚餐还得谈公事，对象还是同样的纽约客，只不过对方晒得比较黑，喝得比较醉。到头来，彼此再一起抱怨纽约的生活。
- ✕ 回程时，通过飞机窗户看到帝国大厦，还会流下一滴思乡的眼泪。在飞机上上传照片到照片墙，因为谁在乎扰乱信号？纽约客认为，上网会扰乱飞机信号的说法根本就是错的，他们就是这么聪明。晒照片时还要标注"#纽约我爱你"。

没错，纽约客既疯狂又歇斯底里。但是不要取笑他们：我觉得自己已经是他们的一员了。猜猜纽约客最爱的休闲活动是什么？

跟别人聊纽约客的生活。✕

BEAUTY

美， 不 惧 岁 月

无论先天
条件如何，
你自己才能决定
将来的每一天
要成为什么样的
接受自己，
才会越来越美。

走在纽约街头的妹妹蕾蒂夏。

GROWING BEAUTIFUL

接受自己，才会越来越美

我家的漂亮宝贝……并不是我。
应该说，本来是我，
直到我妹妹蕾蒂夏忽然出落得无敌标致。

原本长得怪里怪气、手长脚长的黄毛丫头蕾蒂夏突然一夜之间蜕变成美少女，那年我 14 岁。这对青少年而言是多么残酷啊，我甚至想半夜剃光她的头发。幸好我没那个胆，相反地，我忍了下来，并且发现……

……美貌能把人逼疯。

她高挑、苗条、嘴唇饱满、鼻型细致，还有一双大眼睛。她有完美的牙齿，而且我猜，就连脚指头的形状都比我完美。

看着这件事情如何影响人们，其实很有意思。不知从哪里冒出来的摄影师说要拍她的照片，只在路上有过一面之缘的男人会送花到家里。当然，人们开始说她应该去当模特儿。

我记得非常清楚，因为当时的每一刻都深深刺痛着处于青春期的我。

家人向来对我疼爱有加——可能还过于宠溺，不过是片刻的工夫，我就成了激素爆发的受害者：我长痘痘又变胖，还有个大家赞不绝口的美女妹妹。我觉得没有人注意我了，因此伤心憔悴。你可以说周遭的人神经大条，其实他们毫无恶意。我发现，美会令人着迷、陶醉。

……我也发现，美是相对的。

多亏了妹妹，否则我可能一直以为自己是大美女，谁知道？也许我永远不知道，失去父母无条件的疼爱是什么心情。对当时凡事都爱夸大的少女嘉兰丝而言，那就像被打入冷宫。

你得原谅我的父母。他们觉得找到了妹妹的定位——她不爱读书，功课优异的人是我。才不过几个月，我成了聪明的那个，她则是漂亮的那个；这对我和她而言，都是一种侮辱和轻视。

美貌就是有这种影响。你是屋里的绝色美女，还是那个受到彻底冷落的少女，看看身边的人就知道了。我就见过模特儿碰上这种情形，可怜的小女孩被丢到恐怖的时尚世界，永远有人比你漂亮。

当年，只要离开妹妹身边，生活就轻松多了，所以我们渐行渐远。悲惨的是，疏远她的人不止我一个，她很难拥有好闺密。

……我学到美貌会带来痛苦。

人们对美貌既爱又恨。

我妹妹的人生不像你所想象的那样。15 岁那年，她认定自己不喜欢当模特儿，要大家别再烦她。所以每周末不必再拍照，也不必去各家模特儿经纪公司。

她往后再也没提过这档事，她真的不在乎。

但是她热爱时尚，也成了超级擅长穿搭的女性，所到之处，都有人回头多看她几眼。

尽管那些眼神充满爱慕之意（我仿佛身临其境），这种人生并不轻松。

你的人际关系因此更复杂。美貌令人盲目，有深度、有智慧的人才能看到美貌之下的真心。

如果将美貌当成人生的重心，也只能吸引到同路人。

……美貌没那么重要。

生活就是一种学习。长大成年后，我和妹妹重修旧好，她成了热心、聪明、有趣又快乐的人。如今她是我最要好的密友，通过她，我看到了可能伴随着美貌而来的棘手问题和困难。

我终于不再羡慕她的容貌，开始喜欢自己的缺陷。我了解自己独特的美，全面地认识自己。我发现，活得精彩的女性比整容整得完美的人带给我更多启发。

我也明白，你所创造的生活质量和美丽人生与容貌无关。

所以，美貌没那么重要。

无论先天条件如何，你自己才能决定，将来的每一天要成为什么样的人。接受自己，才会越来越美。

尽管别人对她有错误的期望，我美丽的妹妹努力丰富着自己的心灵，成了坚强的女性。

随着年纪渐长，蕾蒂夏和我认清了真相，美貌来自我们后天的努力，而非先天的条件。

啊，差点忘了告诉大家。

有了妹妹的理解、手足之爱和无尽的仰慕之情，如今她让我觉得自己是全世界最美的人。

THE MIRROR

镜子——快快丢掉

我跟朋友一起到寝浴百货（Bed Bath & Beyond）闲逛
——我知道，卖场里光鲜亮丽——
突然听到她大叫。

"啊！救命啊！！快说那不是我！"

她面前有个镜子，边框还绕了一圈灯泡好照亮照镜者的面孔。我从后面小心地走过去，靠近时看到我的鼻子就像《星际迷航》里的企业号一般。

"啊，天啊，这是什么鬼东西？我的鼻子好大，雀斑就像麦片。下巴还有一条皱纹！这是从哪里跑出来的？我都不知道会有这种东西！"

"拜托，你有没有看到我的毛孔？我的皮肤就像月球表面！到处都有火山坑！我的老天爷，握住我的手，我们一起哭吧。"

"嘿，等等等等等，我看到一样东西。等一下，你的脸上有根毛，在镜子里看到了吗？慢着，不要动，我的包包里应该有镊子。我的妈啊，好粗！简直就像树干！过来，转过来……呃，这下我看不到了。等等，你再照一次镜子。"

"啊！救命啊！树干又出现了。"

"好，找出确切位置，现在转过来……啧，又不见了。"

"嘉兰丝，我好像完全看不到你下巴的皱纹。刚刚照镜子有，现在又不见了。肉眼看，什么也看不到……我们到底在这里忙什么？"

"我们要买这样东西，对吧？"

"那当然。"

你知道，对自己感到满意，生活轻松多了。✕

S
FUJINON ASPHERICAL LENS
SUPER EBC

HOW TO LOOK BETTER IN A PHOTO

怎样才能更上相

我非常不上相。
相机恨我，这点真叫人泄气，因为我很爱它。爱，让人心碎啊。

不，嘘嘘嘘嘘嘘，好了，不要争论。我没说我不好看，我知道我不是，也知道我很性感。我只是说自己不上相。

事实就是如此。有些人可以完美地捕捉光线，有些人没办法。

所以有些女孩在镜头里魅力四射，实际却没那么出色，或者正好相反——相片中很丑，本人却很美。有百分之一的人则是在镜头里、镜头外都很俊美，世界就是这么不公平。

我以前认为不上相是宿命，只能认命，其实不然。我不想再看到自己的照片说“啊，你看，我好像我外婆！”或是，“啊，我这张好像《教父》中的马龙·白兰度！”所以我非想出办法不可。

利用自然光。

光线运用得宜，就像天然的修图软件。

如果在室内，一定要面向窗户，站在光线前。如此一来可以遮掉所有瑕疵，从皱纹、青春痘到眼袋都消失无踪。

但是切记：无论室内、室外，不要直接面向阳光，否则脸上会出现分明的阴影，你会立刻成为毕加索笔下的面孔。找个阳光没那么强的地方，或是等待傍晚光线较柔和的时候。

如果是晚间或没有自然光时，所有规则都不算数，因为这时照片的好坏就取决于相机。努力控制你可以左右的条件……

上粉

只有彩妆大师
帕特・麦克戈拉斯
才有办法让满面油光的脸在镜头下楚楚动人。
如果你有同样的问题，拿张面纸按压T字部位。简单又有效。

深色口红不见得有利于拍照，有时会照出太多唇纹。
透明的唇蜜却相当完美，可以营造出清新的丰唇。唇蜜万岁！
神奇的烟熏妆可以让眼睛更大，而且适合所有人。
此外，眼睛在照片中会变小，
所以更需要这种妆容。
最后就是保湿！
双腿、手臂、双手、脚……我们拍时尚大片时都会这么做，
而且效果奇佳。我最爱的科颜氏身体乳液，
就能打造出这种完美性感的光泽。

大方摆姿势

你认得把时装周当成个人T台的
俄罗斯潮女兼设计师
优丽亚娜・瑟吉安柯吗？
不认识也没关系，可以想象一下——
她好几个小时都摆同一个姿势，说真的，
有时真的觉得很荒谬。

是的，可是她的每张照片都非常完美。
在现实生活中，预先想好、
练习几个迷人的姿势也无伤大雅。

上图：劳伦・巴斯蒂德
左图：伊莎贝尔・维尔克

了解自己

哪一侧比较美。

我们都有比较美的一侧，

知道这点就能改写一切。

先请朋友用你的手机拍照，
确定自己哪一侧比较美，
因为光靠照镜子无法分辨。
一旦你搞清楚了，就善加利用。
名人都这么做。
我在节目中专访明星艺人时，
他们都会大方要求："我可以坐在这边吗？
我这边比较好看！"
我不怪他们——
毕竟他们的任务就是随时都要
让人觉得赏心悦目。
至于我，当然只能说："没问题！"
然后用我比较难看的那一侧面对镜头。可恶！

问自己:

相机在哪里?

全身

如果站立拍照时，相机在你上方，
你会被挤压，看上去立马矮了 12 厘米——
太不公平了。如果镜头从下往上拍，
你又会成为恐怖的巨人。
相机位于胸口的高度最恰当。
如果坐着，就要坐直，不要背靠椅子。

特写

相机稍微高于头部，然后抬头面向镜头，
因为光源多半在相机后方。
光线打在正确的角度，
能勾勒出你的下颚，并美化你。
这点很重要，
因为现代女性的生活目标
就是拥有绝佳角度。
我对自拍的头号建议就是：抬头望向太阳！

动起来

玩得开心点。这点很难，
但是要在镜头下闪烁发光，
一定要和镜头互动。动起来，大笑，
做个傻气的样子，做出性感的表情。
不上相的人习惯看到自己不好看的照片，
所以每次看到相机就僵住不动，
其实这样反而更糟，成了恶性循环。
尝试表现出情绪，大笑、闲聊、动一动，
请人说个故事给你听。
动起来……

上图：温妮・柏克曼
右图：莎拉・孟洛格

听法国女人的话：

学着说不要。

有时什么条件都不好，不拍出恐怖的照片也难。

你刚在外面鬼混了一整晚，筋疲力尽，

当时的光线很差，你穿着邋遢，

全身臭汗，头发就像在

卡兹熟食店（纽约餐厅，贩卖超大分量的油炸食物！）泡了三天。

总而言之，这天很不顺利。

这时就拒绝别人帮你拍照，就这么简单。

很难办到，我知道，

起初我也没办法拒绝别人按快门。

我们都希望取悦别人，最后只能告诉自己：

“算了，我在照片里蓬头垢面又如何？”

但是接着就得花好几个小时删除照片，

然后暗自祈祷没人认出你。

好吧，如果你真的无法拒绝别人，

那就学学时尚编辑：

戴上你所能找到的最大号墨镜。

是的，就算是晚上也别拿下来。

什么，你以为戴墨镜只是为了凹造型？ ✕

LONG STORY SHORT: MY HAIR

发型确确实实地
改变了我的人生

你们该听听我妈和我妹如何抱怨她们的卷发。
那漫天漫地的头发！那累死人的整理过程！那些对抗自来卷所花的时间！

对湿度的焦虑，来自发根毛躁的威胁，用来驯服头发的工具。

卷发狂野、难以整理，占据莫大空间，而且仿佛自有其生命。我都懂，我默默地掬一把同情之泪。

但是我不能加以抱怨。

否则就会被鄙视，或是向我摆出一张臭脸，仿佛我是在嘲笑她们。

你要明白：在我家里，我的头发已经算是发质好的了。

她们的头发颜色深又卷曲，这是我们地中海血统引以为豪的遗传。妈妈和妹妹的头发是超级卷毛，我不一样，我的卷发柔软、容易打理。

所以你可以说我有一头秀发，但是没有人会就此知足，不再奢求。我和世上所有女人一样，也想拥有名模吉赛尔·邦辰的头发（好好好，她全身上下我都羡慕）：大波浪、颜色柔和、兼有法式凌乱，再加上那张精致的脸庞。

对自己的先天条件感到心满意足？谁会这么做？绝对不是我，我试过各种方法。

我试着接受自己的头发。

“性感的卷发哪里不好？”你会说。
我研究女明星安迪·麦克道尔的照片多年，
努力突显卷发优势，但是我发现，只要放任不管，这头卷发就会喧宾夺主。
无法无天的头发会吃掉我的轮廓，遮住我的脸。
它就像质地奇差的马海毛毛衣，刺得我皮肤发痒，最后通常被我盘起来。
开心接受我的卷发？下辈子吧。

我试过热爱盘发。

盘发，尤其是丸子头，实在很方便。因为所有头发都往上拉，
有提拉脸部的效果。
对接近40岁的女人而言，应该是不错的选择吧？
甚至有朋友说：“你很适合把头发往上扎，这样最好看。就这样，接受吧！”
我认了，这个造型用了两年，直到我发现头发断裂。
（随时绑着头发对头皮有害，会导致拉扯性脱发，还会永久损害发际线。）
况且随时把头发绑紧，也令我性感不起来。
丸子头，你被开除了。

我试过把头发吹直。

我身边所有的女性朋友都这么做，我何不试试？
我学会吹直头发，把狂野的卷发打理成柔顺的大波浪。
好吧，很遗憾，我做不来。我手残，没办法打理后脑勺，
两只手仿佛在打结，还会烫伤我的脸。

此外，拉直头发后，我已经满身大汗，又想冲个澡，
这等于浪费了我对着镜子挥汗如雨的 4 个小时。
好了，吹风机、离子夹，大门在那边。

我试着使用化学武器。

我曾经做过角蛋白护发，
结果非常有效，简直是奇迹中的奇迹 !!!
我有了吉赛尔的秀发，总之样子已经足够类似。
但是我没想到要花 500 美元，而且连续闻化学药品的气味 4 个小时，
无论事后如何护理，我还是不希望头发碰到我的脸。
无论多么像超级名模，我都不能忍受。

反正也没损失，我终于决定剪短头发了。

我做了许多功课，找到克莱德，这位优秀设计师的沙龙就在我家附近。
我知道要剪短发，就得准备和设计师花上许多时间来回讨论。
我把喜欢的发型放入手机。
当然，我也搜集了不喜欢的样式，最后大概有一百张照片。
是的，米歇尔·威廉姆斯，珍·茜宝，
留着短卷发的凯莉·拉塞尔。
看着这些照片，我明白了三件事情。
短发适合每种脸型。
短发的样式和长发一样多。
如果不适合呢？反正头发可以再留。
我把这个文件夹秀给朋友看，但是他们不太支持我。
改变太令人害怕了。
以下是他们当时发来的短信：

× “小嘉，我们得谈谈。”（多数人的反应。）

× “我怕你剪短会像中年家庭主妇。”（这个朋友以前是啦啦队队员。）

× “我担心你的发质不适合。你是卷毛，恐怕应付不来。”（这位朋友永远都绑着马尾。）

× “怎样都好，反正你很漂亮，任何发型都合适。美是由内向外散发的。”（我妈。爱你哟，妈咪！）

总之，别人说什么都太晚了，我已经下定决心，准备就绪，就算这决定是错的，我也希望试试看。我是不是过着不属于自己的人生呢？（换句话说，我是不是困在长发女孩躯壳中的短发女孩？）

所以某天，我~~喝了双份玛格丽特~~深呼吸，去找克莱德。

我们聊了很久。

双方都很担心卷发剪短之后的效果。会不会变成怒发冲冠？

我们花了很多时间研究照片，我决定请克莱德不要把前面剪太短，新发型才会有更多变化——如果有必要，我还能把头发往前吹。

克莱德动剪刀，我静默不语。

头发落在地上时，我觉得往日时光也聚集在脚边，心情害怕又宁静。剪短头发真的有洗涤心灵的效果，我以前没想过，自己竟然快哭出来了。

这次剪发花了很长时间，因为我们一点一点慢慢剪，但是我的脸庞越来越明亮，五官也越来越显著。无论是内心或外表，我都觉得更轻快，更勇敢。

几个小时之后，我依约去咖啡馆找朋友，却觉得别扭、犹豫不决。我低着头走路，一有机会就看橱窗中的倒影，提心吊胆、脸红心跳……这个新来的女孩是谁啊？

朋友看到我，我立刻从她的表情中看出我不必多虑。她很爱这个发型。至于我，我花了三天才适应。

如今我留短发已经超过一年，依旧很喜欢这种长度。

发型确确实实地改变了我的人生。短发容易整理，与众不同，也常得到称赞。我的发质非常适应新发型，往后再也不必吹直了，只要稍微梳理，自然风干就有绝佳造型。我妈和我妹都恨我！

但是我的穿着的确需要略微调整（这就是所谓的逛街的借口），而且出门一定要化妆（这就是所谓的礼貌）。

看到自己蓄着长发的旧照片，我几乎不认得了。我猜，我的确曾困在长发女孩的躯壳中。花了一些时日，内心的短发丫头才得以解放。✕

我是不是过着
不属于
自己的人生呢？

（换句话说，
我是不是困在长发女孩躯壳中
的短发女孩？）

美的确发自内心，但是化妆绝对有帮助。
我们每个人都不同，对我有帮助的彩妆不见得适合你。
我自己不断摸索，也从周遭迷人的女性身上撷取灵感。以下是我的美型必备，
希望对你有所帮助。

我的美型必备

红唇

如果我觉得服装需要来个亮点，或是觉得那一天或那一晚很特别，就会用红唇当点缀。

重点在于随时注意口红是否脱妆，所以我一定带着小镜子。

我的美型必备

古铜粉饼

如果希望脸色明亮、闪闪发光，古铜粉饼是好朋友。

我的秘诀？

强调双颊、下巴和额头，其他地方只要少许带过。最后在眼皮上稍微刷过，然后上点唇蜜。

我用娇兰的提洛可（Terracota）多年，效果很自然，也不会太闪亮。

演员卡米拉·狄特儿

我的美型必备

美甲与护手

我不是擦透明指甲油，就是擦红色。冬季用深红，夏季选较亮的珊瑚红。

我喜欢红色指甲油看起来新鲜饱满，所以几天之后就会擦掉。

我最爱的指甲油是埃西（Essie），不知为何，完成后的光泽很完美。

拥有一双美丽玉手的诀窍就是保湿，所以我的皮包里随时备有护手霜。

我的美型必备

腮红

这可能是我最爱的化妆品，因为它可以给我带来健康的粉红色光泽。
一涂腮红，人人立刻美丽三分，我用得很凶。最爱的腮红来自香奈儿。

詹尼丝·艾丽达·约瑟夫

MANI! PEDI! FACIAL!

做脸！做指甲！

说来很妙，除了地大物博、喧嚣嘈杂之外，
我抵达纽约注意到的第一件事情，

就是所有女人都拥有一手修得一丝不苟的完美指甲。
我因此严重怀疑自己，我晃着指甲油残缺剥落的十指，
能去哪里？是不是上不了台面？

拥有完美的指甲需要时间、努力和财力，但是纽约的每个女人都不遗余力。这里的气氛很不一样，大家都全力以赴，也散发出逼死人的压迫感。总之……人人都火力全开。

这里的生活讲求完美。每个街角都有美甲沙龙，每家都提供所有颜色的埃西指甲油，店员动作快，价格也算便宜。所以我没理由松懈，从指尖到指甲根部的甲上皮都得好好照顾。

但是我依旧花了点时间才习惯。

最后，我终于成功驾驭了完美的纽约美甲。你只需要：

1. 学会一种新语言。

我第一次走进美甲沙龙，在柜台前站定，对工作人员说：

“你好！我要做手、脚美甲，还要上色。那个像石蜡的东西是什么？现在有时间吗？大概要多久？我可以用自己的指甲油吗？那些怪里怪气的机器是什么？你们所谓的‘美容’是什么？那个东西叫什么来着，呃，我忘了。我的皮肤还可以吗？你有什么建议？”

接待人员睁大眼睛看着我，有点惊恐。相对两无言的尴尬时刻过去之后，她开始复述：

“手部美甲？脚部美甲？手部美甲？脚部美甲？手部美甲？脚部美甲？手部美甲？”

我环顾四周，不太清楚这是什么状况。

这时有个看起来很忙碌的美女冲进沙龙，两秒之内就选好了指甲油，放在柜台小姐面前，一声招呼也不打，只是冲着她微笑说：“手、脚美甲，美容！”对方微笑示意，立刻领她走进去。

我终于搞懂了：柜台小姐不会说英语。

我也选了指甲油说："美甲！"结果怎么着？有用呢！

2. 买一双人字拖，就算不喜欢也要买。

我第二次去美甲沙龙是冬天。这次我想尝试"手、脚美甲"，唯一的问题是我穿着靴子，我有点担心指甲油还未干透，如何穿回靴子。

借助夸张的肢体语言，我向柜台人员示意我穿着靴子："你们有办法吗？"

"没问题。"她比出两根大拇指，带我去看充满未来风格的烘干机。

当时我心想，拜托，纽约也太先进了，竟然还有超声波指甲烘干机。

当然，纽约客什么都想到了。

回家之后看到脚指甲全毁了，我才明白为何纽约下着大雪，还有人穿着人字拖，露出完美的脚趾。

坏消息。即使是纽约，也没有所谓的超声波指甲烘干机。

3. 学习迅速付小费，还要付得多。

指甲修完（手部按摩已经结束，但是还没上指甲油）之后，关键时刻到了，这时候必须打赏小费（没错，你总不想做完之后再将手伸到包包里毁了刚擦好的指甲油吧，你这个傻气的非纽约客）。

小妞，这时最好打赏小费，付多一点，而且最好付现金。

别忘了，你还没上色，命运还掌控在她们手中呢！

4. 永远不要忘记。

人们很容易对完美上瘾（至少是完美的指甲），所以每周都去美甲沙龙，脸上还带着胜利者的微笑，仿佛自己是纽约市的成功女性。

但是至多不超过半年，你一定会发现樱桃红指甲油之下的指甲已经一片狼藉。

因为抛光，指甲会变软；修剪甲上皮，皮肤会反抗；指甲油中的化学物品也会闷坏你可怜的小指甲。

这里提供三个解决方法。

学着说："不要抛光！不要修剪甲上皮！"

学着自己做美甲。方法很简单！这么一来，如果有一天要去荒岛，或是在根本看不到美甲沙龙的法国，谁还会有完美的指甲呢？当然是你。

偶尔也要习惯不那么完美的指甲。凡事都要有度。

否则就疯狂一下，大胆做自己。别擦指甲油了。✕

在这里，
追求完美是
一种生活方式。

STORY OF MY ~~LIFE~~ BODY

我身体的故事

少女时期，我对自己的身体毫无意见。我热爱运动，喜欢跳舞、游泳、玩帆板，是个如假包换的野丫头；我喜欢和男生较量，胜过女生。

我放过自己的身体，其实这点并不容易。14 岁时，我就像其他青少年一样，增加了一点重量。我个人完全没察觉，但是我向各位保证，我身边所有人都明确指出了这一点。

永远都在节食的母亲更不会放过我。这种事情很痛苦——我的身体因此被打入了“可能当不了人生赢家”这个分类。我展开第一次节食计划，结果自然是失败了。

母亲一定在我身上看到了她自己的影子——因为我遗传了她的丰满身材。因为别人漫不经心的几句批评，她带着我一起踏上了终生对抗卡路里的道路。

如果遗传到父亲的基因，我就会更高、更苗条，就像我的妹妹和弟弟那样。如今我和食物的关系也会更单纯，就像他们一样。

其实身材从来没带给我太大困扰。眼光放长远来看，我是爱运动、爱打扮、喜欢穿得酷酷的健康女孩。每个男友都爱我原本的样子，而且我和朋友常拿这个话题开玩笑，她们对自己的身材也和我有同感：谁不认为自己应该瘦个 5 斤？

少女时期，我的偶像是辛迪·克劳馥和澳大利亚超模艾拉·麦克弗森，她们都不是瘦骨嶙峋的类型，我也很认同。至于凯特·摩丝，我则认为她太瘦，与其说她美，应该说她的长相很有意思。

我不知道她的身材即将成为正常人的新标准。

况且我很爱吃。

我父亲家族那边有许多意式料理的厨师（我也会做香喷喷的千层面），母亲这边则擅长摩洛哥食物（你应该看看我外婆怎么准备古斯古斯面，费时三天呢）。至于母亲大人，别批评她的饮食习惯，她可是非常擅长烹饪的。她的蔬菜料理一级棒，而且我们家的饮食，美味又均衡。

她会做可口的午餐，菜色简单又健康（我们就住在学校附近，因此三姐弟都回家吃饭）。她每晚都会准备青菜汤，佐以面包和酸奶。甜点则是好看的草莓沙拉，加一点鲜奶油。她教会我们品尝新鲜蔬果的美味。至于身为大厨的父亲，回家反而不太下厨，但是只要他心血来潮，我们就有口福了，他的熔岩巧克力蛋糕是世界第一美味。

总而言之，我很爱吃，我与食物维持着良好情谊，也欣然接受自己的体形，觉得很好。

到了 20 岁，我对运动失去兴趣。我偶尔会和朋友去上舞蹈课（不过通常都躲在后面偷笑）。说到运动这块，我承认，我在这方面最像法国人。一方面，总觉得努力运动哪里不对，太夸张，也太古怪。另一方面，我到哪里都习惯走路，可以整夜热舞，不在乎上下楼梯，而且每一步都记得夹紧屁股。

后来我搬到外面和室友或男友同居，有时间下厨，最爱新鲜、随性的地中海食物。好吧，我可能太爱吃甜食，下午 4 点一定要喝茶并配饼干或巧克力。我依旧过得很自在，即使后来搬到巴黎，隐约觉得压力越来越大时。

巴黎人又高又瘦。算了，我能怎么办呢?

我有比体重更要紧的事情要思考，身无分文的我得想办法在那个贵得要死的城市住下去。偶尔我会尝试只吃半天的节食法，但是一如往常没有好结果。总之，这种事情不值得忧心。

后来我搬到纽约。突然之间，我面临完全不同的文化。初来乍到时，我印象最深刻的事情，就是许多纽约客身材和食物之间的复杂关系。几个月后，我就把一切看在眼里，也开始加以揶揄。

拜托！你和纽约女人吃过饭吗？即使近距离观察，她们从头到脚，小至指甲都无懈可击。她们有完美的发型、皮肤，还有那些行头，就算是古着，看起来也像新衣。而且她们非常，我说真的哟，非常瘦。

好吧，老实说，我应该先表明，我刚到纽约时，认识的女生全都来自时尚圈。后来，我认识了更多人，才发现不是所有纽约客都这么苗条，谢天谢地。

但纽约时尚圈的女人不仅仅是瘦，而是纽约款的瘦，也就是瘦到极点，却还有安娜・温图尔那种练普拉提得来的精实肌肉。肚子中间的游泳圈？哈？什么？

你和巴黎人共餐过吗？好吧好吧。你和我一起吃过饭吗？

巴黎的午餐通常会有一杯葡萄酒、一两份共享的甜点。不必点开胃菜，但是吃掉半条面包也无伤大雅。最后来杯咖啡，抽 12 根烟，再说："对，呵呵，我知道这不健康，但是这样才开心。"

起初，身为纽约客餐桌上唯一的巴黎人很有趣。他们看着我狼吞虎咽地干掉另一片面包，点一杯葡萄酒，再吃点甜点，问我吃得这么恐怖，怎么有办法维持纤细身材。

我会大笑说，纽约客太瘦了，应该享受人生。对了，我完全不健身，因为人生还有那么多有趣的事情要做。

还有，我不在乎腰间的游泳圈，谢谢。

这种游戏持续了一阵子，还蛮好玩的。

我开始享受纽约生活的便利性，外食、点外卖，再也没下厨。出门搭出租车，上下楼搭电梯，走到哪里都捧着一杯拿铁，嘴里随时有零食。

最后，我的游泳圈反客为主。我胖了，而且从没胖得这么离谱。

那时我才明白，巴黎和纽约的饮食有多大的差异。

生活习惯

是的，巴黎人外出用餐更放得开，但是他们外食的频率只有十分之一。而且巴黎没有外卖，人人都得下厨。烹饪很简单，可以请五个朋友来，用西戎芦和薄荷做一道迅速又可口的意大利面，或是奶酪、无花果、葡萄酒就能当一餐。

纽约的社交生活都在家以外的地方。你永远都吃外食，我搬到纽约唯一的一次“烹饪”就是做可丽饼，证明我很有法国风。

分量和步调

在巴黎，人人都会慢慢享用午餐。如果是法国小镇，大家甚至在午休时间（正午到下午两点）回家，好好坐下来吃顿饭。无论是在餐馆吃沙拉，和朋友到公园享用自备的午餐，或是自己边吃边看小说，总之就是花时间，享受休息时刻。人人都慢慢吃，津津有味地品尝午餐。

我看到员工坐在计算机前进餐，你可以想象我有多担心：“嘿，各位，那边有餐桌，行行好，到桌上去吃！”他们总是瞪大眼睛看着我。我觉得在计算机前吃饭也太亵渎食物了。

啊，还有分量——就像纽约所有事物，餐食的分量大到惊人。你很快就知道，被法国人嘲笑的打包袋的确有存在的必要。

我会大笑说，
纽约客太瘦了，
应该享受人生。
对了，
我完全不健身，
因为人生还有那么多
有趣的事情要做。

食物链

国家大，产业就发达。我不认为法国处处完美（真的不是），但是对于食品的管制相当严格——例如很难找到不当季的水果。法国禁止“转基因食物”（这当然也是我们走上街头抗议争取来的），“有机”标签更是难以取得。在美国可不一样，我们很难相信自己买回来的食物。因此专卖有机食品的全食超市（Whole Foods）才会那么成功（而且昂贵）。

以下节食方法可能导致人们和食物的关系错综复杂——也逼人走上极端。例如不含麸质、不含乳制品、素食、原始人饮食法……

法国不是健康和接受自我的乐园，许多人依旧会吸烟成瘾！但是法国人不爱走极端，不认为你完美或糟到无可救药。我们可以接受“普通、中等”。

好了，一边是纽约瘦，一边是我怡然自得的法式饮食态度，结果就是我自吹自擂的微笑脸庞越来越圆润。我看待自己的角度也不同了，以前我认为周遭的人太瘦，后来开始觉得，胖的人是我。我再也不觉得自己“正常”了，质疑起自己的生活习惯……挑剔地看着镜子中的自己。

我们全身赤裸时，一定美丽动人。情人依旧爱我们，朋友也不会在乎我们多了几斤。没错，稍微胖一点并不会改变任何事情。

好吧，这种看法几乎完全正确。

但是看到自己的照片，你突然觉得头晕目眩。

扣子再也扣不上的牛仔裤，你只能假装找不到。

我努力保持镇定，身边的人也很温柔：“你看起来美极了！”我便会微笑打趣：“才怪，看这边，我肥死了！”其实内心已经失去自信，想到就懊恼。我知道自己得想办法解决问题，却不知道从何下手。这时怪事发生了，我开始时刻关注食物和体重。想着我吃了什么，没吃什么，拿下一个小时要吃的食物和上一个小时的饮食相对照；想着自己应该吃这个，不该吃那个，或是应该吃那个，不该吃这个。每时每刻。

我整天批评自己的体重——这种做法不但徒劳无功，更是主观的，最糟糕的是，我过得很悲惨。我痛恨自己那么重视自我，感觉自己变了。我忧伤、执拗、令人觉得乏味，而且一天比一天胖。我不断沉沦，亟须改变。

某天晚上，我崩溃了。当时我要飞去澳大利亚拍照，远离熟悉的亲友和事物。我孤单地在饭店房间照镜子，眼神忧戚又空洞。心里有个小小的声音在问我：你和自己玩的这个游戏要玩到何时？因为你已经被打得落花流水，兵败如山倒了。

我大哭，打给男友、闺密、心理医生，最后一次自艾自怜；然后决定一切到此为止。就像你下定决心辞掉要命的工作，或是离开一段毫无帮助的恋情。我受够了。

我决定停止理智分析自己说的每句话，顺从心声。我开始做瑜伽帮助心灵平静，不再挑剔自己、批评自己变胖。如果我命中注定成为胖女人，好吧，那又有何不可呢？我认识很多了不起的人恰巧都很丰腴，况且时尚界多一种声音也无妨。

这种生活过了几个月，我心情好多了，重拾笑容。但是胖了之后要觉得自己很好，的确出乎意料地困难。不是人人都像克里斯蒂娜·亨德里克斯一样擅长驾驭丰腴的曲线。

人生啊，我该如何拨乱反正？如何找到平衡？

某天我和超级巴黎风的闺密苏菲一起去花神咖啡馆，就在那天，我找到了答案。当时我们喝着玫瑰酒，我看着她一口接着一口地吃薯条。她像往常一样吃得津津有味，身材也完美如常。

我正在叙述我的人生故事，看到她自在地享受食物，决定偷偷告诉她，我是如何与体重斗争的。

“你怎么办到的？都已经过了40岁，怎么还能这么瘦？”

她把每个生活习惯都告诉了我，我因此灵光乍现。

我的灵感来源不是她的饮食内容。我得到启发的是她找到了鼓励自己的方法。她聊到品位、梦想，甚至生活习惯。她不放弃自己喜爱的食物，例如花神咖啡馆的餐点，因为她常去光顾。她也说到早上吃水果，中午就可以吃得丰盛一点。还有……

“当然啦，甜点是想都不要想的，要忘记世界上有‘甜点’这样东西。”

我当下的反应就是不，我办不到。不，不，不，不，不。我自有一套原则，而且毫无弹性空间……就是：

没有味道的人生不值得活，而味道的意思就是可以佐茶的点心。

每餐最后都要有甜食当句号，否则就不算真正用餐，人生也白过了。

自重的女人才不会运动，因为运动太蠢了。你见过夏洛特·甘斯布运动吗？

但是苏菲聊到她的饮食方法时，那种单纯和踏实的精神给了我莫大启发。

我虚心检视自己的“原则”，发现许多坚持都很蠢。

我决定有所改变。

首先就是少吃面包。请注意，我不是一口都不吃，毕竟以往开胃菜上来之前，桌上整篮面包都由我一人包办。我不吃甜点，不是各种都不吃，主要是放弃蛋糕和冰激凌。我想试试餐后不吃甜点，感觉如何。

起初有点辛苦，渐渐就习惯了，最后完全忘记看甜点菜单。我马上就看到了成果，不仅仅是肚子中间的游泳圈变小了，我对自己的看法也不同了。我可以改变饮食而不觉得沮丧。以前的“原则”只是隐藏了自己的坏习惯，我终于明白体重增加的含义，就是身体告诉我，不想再忍受我暴饮暴食了。

因为这个过程带来的鼓励，我看了关于营养的图书，采用了某些对我奏效的方法。我没用任何一种饮食法，不计算卡路里，我知道自己做不来。我也没放弃自己喜爱的食物，只是调节饮食方法和生活习惯，一切适量。每个人只能靠自己找到合适的方法，没有人可以代劳，即使我告诉你我吃什么也没有意义，因为这套习惯只适合我本人。

我又开始多走路，练瑜伽和普拉提。即使我的公寓有电梯，我也一定走楼梯。

我的体重减轻了。

我离纽约瘦的标准还很远，但那也不是我的目标。我只是回到自己熟悉，并且觉得最自在的体重了。我接受体重上上下下的事实，也随着体重调整自己的生活习惯。

如今朋友要我当他们的减重教练，说我带给他们灵感……

这真是太好笑了。

别闹了！我？减重教练？拜托，想都不要想。✕

我的美型必备

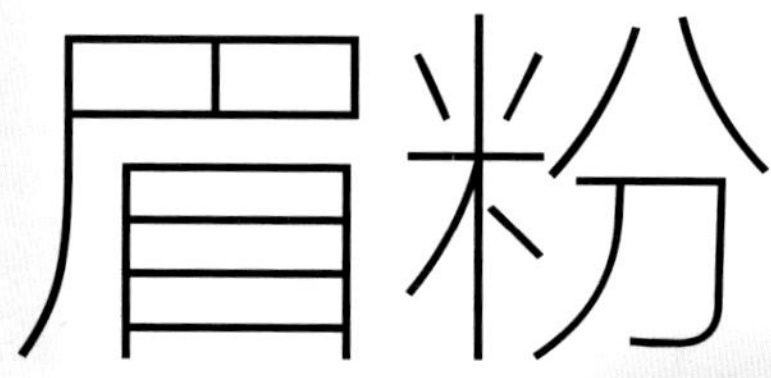

知道如何画眉毛可以改变整张脸，轮廓会更有个性、更突出。
简单的眉粉就有这种效果，我喜欢贝令妃的美眉单品 Brow Zings。

摄影师丹妮尔·寇桑

环保时尚品牌 Reformation 创意总监
布丽安娜·蓝斯。

我的美型必备

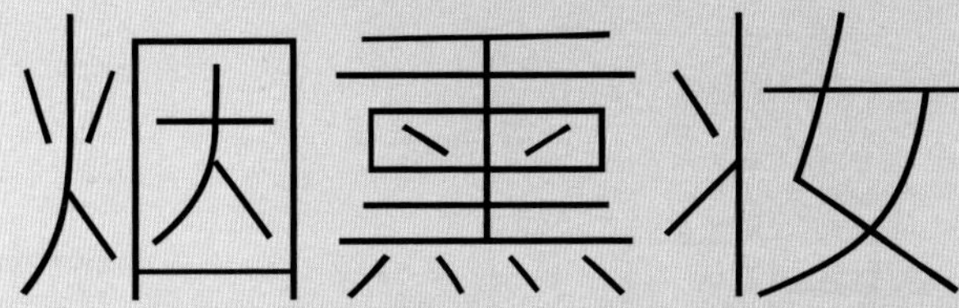

练习多年之后，我终于学会了化烟熏妆。

这种妆容并不容易，不过只要掌握个中诀窍，就会成果斐然。

如今我每天都化烟熏妆，否则出不了门。烟熏妆的效果奇佳，可以让所有人更美、更神秘。

我的美型必备

服帖型大背头

如果某天睡醒，头发被压得乱七八糟，这就是解决良方，而且适合各种长度的头发。

（就连我的也可以！）

你只需要一瓶好发胶（我爱科颜氏的）。

如果你希望做个独特又能显得精明的造型，却约不到设计师，也可以试试这种发型。

脸部成为目光的焦点会让许多人觉得没有安全感，其实没必要：

女人梳了大背头后，个个风情万种。

包包设计师里斯·所罗门

THE TURN OF THE SCREW (TURNING 40)

40 岁大关在眼前

当你看到这里时，我可能已经40岁了，或是非常接近40岁。如果你比较晚才拿到这本书（慢着，你有什么借口来着？），我大概40多岁了。

这是什么心情，就听我娓娓道来吧。

太棒了。恐怖。好丢脸。自豪。老迈。年轻。啊！无聊。

对，以上皆是。

就像再次踏入青春期。

上次有个年轻小伙子和我调情，我惊讶到暗自怀疑："年轻人，你是变态吗？"

当你即将踏入 40 岁，就会变得这么蠢。

当然，年龄逐渐增长，还有许多问题浮上台面。我的人生有什么成就？还有时间生孩子吗？（我真心相信杂志说的，40 岁就相当于以前的 30 岁。但是我的妇科医生说："你的卵巢可没读到这本杂志。"）

我满意自己的工作和恋情吗？我真的已经到了人生的转折点吗？我算算看。

还真的是。啊，该死。

在你心中，自己还是 20 岁的女孩。

好吧，是变得睿智一点了。是的，情绪波动比较小。没错，没那么穷了。是的，没那么喜欢谈不合适的恋情了。啊，没有以前那么喜欢去夜店狂欢了。

呃，也许你变了。你更喜欢现在的自己，只有几件事情除外。

40 岁时，你会发现身体有所变化。哪怕你想一如往常地过日子，忘记自己越来越老，但就是没办法：你的身体会不断提醒你。

记得你进入青春期，身体出现的疯狂变化吗？有些部位会改变形状，奇怪的地方开始长毛？

现在也是。而且一样没有安全感（真是的，就在你刚以为自己可以掌握人生方向的时候）。

彻夜狂欢之后的黑眼圈？

就算你只是熬夜多看了一集《权力的游戏》，都会有更深、更黑的黑眼圈。即使你什么节目都没看，它们也会在那里。事实上，它们再也不会离开你了。

还有你偶尔犒赏自己的牛角面包？如今它挥之不去（成了你小腹上的脂肪）。幸好你现在或许买得起斯潘克斯（Spanx）塑身衣，因为人生就是这么公平。

有时你比较累，或是光线很差，额头上是不是会有几条迷人的表情纹？

如今这些纹路跟定你了。还有，鼻子旁边的法令纹？怎么回事，各位？你们没有受邀哟。今晚点蜡烛就好？年龄啊，你这个扫兴鬼。

一旦外貌出现变化，以前你大声疾呼的主张（人一往身体里填充东西，看起来就很怪！电波拉皮根本就是受罪！肉毒杆菌本来是为动物研发的！这些物质都非常不自然！）都会越来越小声。你渐渐开始提问，表示有兴趣：

“如果剂量适中呢？”

“如果我谁也不告诉呢？”

最重要的是：40 岁的名人完全不动刀，到底看起来会有多老？

无论决定是什么——有些选项我还没拿定主意——其实还有许多方法应付老化，从遮瑕膏、普拉提、激光到塑身衣都有，花时间抱怨就太傻了。

所以我才要告诉你。

你所听到的都是几十年前瞎掰的谎言。千万别相信。

因为身为 40 岁的女性，我感到前所未有的自由、勇敢、幽默、成功，人生更有乐趣。我现在才擅长聆听自己和别人的心声，好好感受人生，而不是空想。以前我都不觉得自己如此性感、媚惑；以前我身边也没有这些有趣的人。

如今我年近 40，我可以告诉你，放心，一切安好。人生还是一样，只是更精彩。人生不可能十全十美，不会永无涟漪，你无法事事了然于心，却依旧美丽绽放。

何况事事都参透，人生有多闷啊！

进入 40 岁（就像我进入 20 岁时），我会把人生当成一场冒险。玩得尽兴，照顾好身体，找心理医生回答我深奥或愚蠢的问题，在某些方面跌倒，在某些方面成功。我会努力放手去爱，表现自我，拿自己的年龄自嘲并大笑。

我再也不会说喜欢我的人是变态，除非他半夜光溜溜地追着我跑。果真如此，我就转身秀出塑身衣，这招应该有效。✕

ON BEAUTY

DREW BARRYMORE

美丽谈

一对一专访带给我莫大启发的女性

德鲁·巴里摩尔

嘉兰丝·多尔（以下简称多尔）：你有种自然又自在的气质。请问对你而言，美是什么？

德鲁·巴里摩尔（以下简称德）：我才没有又酷又神秘的基因，我就像拉布拉多犬！我认为微笑是最美的彩妆，强过口红。而且笑纹比眼线更棒。除此之外，一支好的遮瑕膏也不错。

多尔：我们都快 40 岁了！你做何感想？我们又该如何欣然接受？

德：每次我想到老化的过程，脑海中就上演电影《生活多美好》的片段。少了任何一项人生体验，我都无法成为今天的我。我深信，我越老越棒，对外貌而言，应该也错不了！

多尔：你刚生完孩子时，我很开心听到你在某些节目上说，“我想慢慢减掉怀孕带来的体重，其他都不关我的事”。

德：对，我还真的是慢慢来的，大概花了 3 年吧！我丈夫对这件事情的看法，真的比任何人都包容。女人经历这么重大的改变时，就需要得到另一半的支持。光是我的脚就大了两号半。

多尔：别人的哪些特质会让你觉得很美？

德：善良的好人不怕麻烦。关心别人，才会苦口婆心说真话，继而鼓励你，花时间引导你走向正途。对我而言，这就是真正的美。此外，再来点遮瑕膏也不错，我一向依赖遮瑕膏。

PARIS VS. NEW YORK

THINGS PARISIANS DO

巴黎与纽约

巴黎人的习惯

对不明就里的人而言，巴黎人很像纽约客：

他们都穿得和邻居一模一样，又都以为自己独一无二。
对巴黎人而言，巴黎就等于法国，纵使其他城市的人不以为然。
（听起来耳熟吗，纽约客？）他们永远惦记着如何远离巴黎，
但是一看到巴黎铁塔又潸然泪下。
除了这些相通之处，巴黎人和纽约客其实大相径庭。

巴黎人喜欢……

× 当然是抱怨。我总是忘记巴黎人有多爱抱怨，我抵达巴黎，总是带着甜蜜的喜悦（我可以吃到有真正奶油的牛角面包了！第一个可不算）。就在我踏上出租车时，被纽约客感染的歇斯底里的情绪立刻就消失了。

一句招呼都没有。

× 相反地，司机马上说："我警告你，小姐，等一下会塞车。你还真会选地点啊（来了，巴黎式的反讽）！就在城市的正中心呢，真是太棒了。全都瘫了。什么？哪有，我不是说你，小姐。这位小个子小姐也太容易生气了！我说的是交通状况！瘫痪的是交通！巴黎啊！不过这是为什么呢？都怪那些政客。因为左翼……"

听好了，这里不是纽约，你可不能假装发邮件，不理司机。

× 巴黎人最喜欢和你一起抱怨。

听好了：如果巴黎人开始抱怨，你就有义务和他一起发牢骚，这就是在巴黎交朋友的方法。

× 聊上好几个小时所谓的"改变世界"。这也是巴黎晚宴的主要活动。

× 上花神咖啡馆，但不是坐在游客那边——真受不了。拜托，巴黎人有自己的座位区。

× 假装认识服务生和弗雷德里克·贝格伯德（恶名昭著的巴黎夜店咖、作家）："对，是我朋友。对，他这次故意不打招呼。这是我们之间的一个小游戏，因为我们格外要好，懂吗？"

× 抽烟。巴黎人爱抽烟，一逮到机会，随时随地就要抽，而且不分晴雨。他们不

在乎大雪纷飞的日子坐在户外，就只为抽烟。有些夜店甚至准许顾客在室内抽烟，没有人敢制止巴黎人抽烟。

- 巴黎人喜欢边点烟，边说："我要戒烟了。"

- 开车像疯子，到处乱停车，以撞得坑坑洼洼的斯玛特为荣，知道巴黎所有的捷径。

- 举办临时起意的派对。9 点开始喝开胃酒，然后晃来晃去，开了红酒，决定做个简单（但是可口）的意大利面，一边"改变世界"到凌晨 4 点。打电话约了邻居、三条街外的单身朋友。喝得微醺，开怀大笑，满不在乎。

- 直言不讳。巴黎人如果不坦率，也就不算巴黎人了。

  "那件外套是什么鬼？" = 你穿起来很普通；如果你想换，我陪你回去。

- 称赞人于无形。

  "嘿，我还没收到我那件绢印衣服呢！" = 我喜欢你的插画，恭喜你开店。（如果你寄给我，我不会拒绝。）

- 永远珍惜家人和认识了一辈子的朋友，虽然对他们又爱又恨，却又死心塌地。周末和他们混，度假找他们去。不太结交这个小圈圈以外的朋友，因为谁还需要更多朋友啊？随时准备为他们两肋插刀。

- 看到新人想加入朋友圈，都非常小心谨慎。几乎可以说是冷漠相待，有时甚至粗鲁无礼。这个时期很长，也许一年，也许更久。

  一年多之后，突然听到有人说："今年夏天和我们一起去度假吗？"这就表示你找到自己的朋友圈了，准备为他们赴汤蹈火吧。现在轮到你跟新人保持距离了。

- 到 Monoprix（廉价又时髦的连锁商店，有点像法国版的塔吉特）购物。巴黎人热爱 Monoprix，每个法国女孩家附近都有一家。别人称赞你的羊绒衫时，就能回答："这是 Monoprix 的！"这非常巴黎风。

- 激烈辩论。整个晚上可以从政治、金·卡戴珊、哲学扯到任何话题，只要话题可以引起热烈讨论。先提高音量，有时还得大吼大叫。假装生气：这就是成功的巴黎聚餐了。

- 搞暧昧。巴黎人喜欢调情。情况大致如下。

  巴黎女人：

  假装完全不知道对方对她有意思，取笑他，测试他，丢下他，自己回去闺密那桌喝酒，然后嘲笑他绝望的短信。表现得超级难搞，直到他完全上钩，彻底爱上她。

巴黎人喜欢
边点烟，
边说：
“我要戒烟了。”

也许她愿意试试看，收他当一年的奴隶，然后认定自己爱他，想帮他生个孩子，考虑结婚。也许某天她会说："结婚只是开个大派对的借口嘛。"

巴黎男人：

最爱装模作样，以为自己是赛日·甘斯布，同时和十几个女孩约会，在夜店泡到清晨，以为所有女人都一个样。最后碰上那个超级难搞女孩，完全被对方迷得团团转，从此摇身一变成为最体贴的男人。

和她生了孩子，却忘了问她想不想结婚。

- "对，要我怎么办呢？我就是这么势利。"
- "我最近应该去卢浮宫走走，要不要一起去？你宁可去乐蓬马歇百货公司？好吧。"
- 用否定词说话。

  "还不坏吧？" = 很好。

  "没有，我的意思不是我不喜欢。" = 我喜欢。

  "很棒吧，不是吗？" = 很棒啊，你说是不是？

巴黎人会说的话……

- "我当然不运动啊。"而且真的不运动。
- "今天要去运动！"仿佛是什么了不起的大事。然后躲躲藏藏地溜进健身房，因为除了高中毕业留下来当睡衣的运动裤，找不到任何运动服。
- "玛黑区完蛋了！"最后还是出现在玛黑街头。"嘉兰丝，这可是上玛黑区！不一样！"
- "merde""putain""faitchier"（都是表达气愤、厌恶的词语）等，有时三个一起讲（真是糟糕到极点）。

巴黎人痛恨……

- 排队是巴黎人最痛恨的事情。巴黎人非常讨厌排队，甚至到了对这件事情同仇敌忾的地步。

  因此他们不像纽约客，不会排成一排，礼貌地聊天或介绍自己的狗，巴黎人愿意不惜一切代价冲到第一个（假装生病、另外开第二队或第三队，假装认识队伍前面的人），到最后就会乱七八糟，互相推挤、咒骂对方。

- 按信号灯过马路。宁可被车子碾过去，也不肯乖乖等。

- 巴黎女人痛恨搭乘地铁，却又非坐不可，因为交通状况烂透了。她们很聪明，所以发明出搭地铁的小技巧：

  她走在路上，步伐快，穿着时髦又风情万种。

  她踏进地铁，突然之间就变身了——可能折起丝巾，盖住半张脸；可能拿下帽子，挺胸，摆出一副“少跟我说话，否则纳命来”的表情。总之就是要确保没有人注意到她，和她攀谈，因为搭地铁要人命。“我那条线最糟，嘉兰丝，我发誓，我那条糟透了。”

  接着她走出地铁，所有行头都放回原位，站直身子，步伐快速，穿着时髦又风情万种。是的，很时髦，除了搭地铁时。

- 度假还要工作。（这才健康啊，不是吗？）

  千万不要在巴黎人度假时找他们，否则你不但会被直接转到语音信箱，而且你的号码会被直接拉进黑名单。

  在人家度假时找他？谁会做这种事情啊？

- 其他驾驶人：按喇叭、大吼大叫，连肢体语言都用上了。除了中指，其他手指都握得紧紧的，以表达满腔怒火，或是沮丧之情，因为巴黎凯旋门环岛竟然不是只有他一辆车。

- 其他自行车骑士：完全不同情那些在自行车道上骑着烂车（对，人人都该学着选部功能完善的自行车）、速度又超慢的笨蛋。

- 其他行人：大声叹气，然后快速从慢吞吞的行人间走过。其实说句“借过”就行了。

- 观光客，包括巴黎人自己也在观光时：在巴黎痛恨其他观光客——好吧好吧，我们懂。

  但是你自己到纽约观光，还痛恨其他游客，这就有点太巴黎了。✕

ELEGANCE

优　雅　，　由　内　而　外

“没有

圣罗兰最早提出，
也说得最好：
由内而外的优雅，
就穿不出优雅。”

Tank 杂志总监、设计师
卡洛琳·伊莎。

ÉLÉGANCE DE COEUR

优雅

圣罗兰最早提出，也说得最好：

“没有由内而外的优雅，就穿不出优雅。”

就算是深爱时尚的我，也同意真正的优雅不在时尚中。

优雅是你待人的态度。

有人称为礼貌、礼节，对我而言有更深的含义，因为礼貌与文化有关。你可知道，日本人认为在送礼人面前拆礼物非常没教养？应该带回家私下看。

但是在法国，不立刻拆礼物就像是说：“我才不在乎你送的什么鬼东西！”

我努力适应各地的文化，但是几次失败之后，我决定倾听内心的声音。

在法国，我们称这为“由内而外的优雅”。

听起来很俗气，我知道。

但是你知道吗？知道何时应该展现低俗的一面，也是真正的优雅。

来说说我是如何发现由内而外的优雅的吧……

你大概可以说我这个人很能接受自己。

我甚至把这当成职业，每天都在博客聊自己的事情。

说来讽刺，因为我以前非常害羞。

我还记得，以前只要在大家面前说话，我就立刻满脸通红。

小时候，我的学校生活因此挫折重重。举手

问老师能不能去厕所就是一大折磨，所以我干脆忍住，然后整天憋尿。大声回答老师的问题，根本是不可能的任务。我会在全班同学面前汗如雨下，接连好几周都非常恐惧，告诉妈妈，我再也不想上学。

为了弥补无法当众发言的缺憾，我在其他方面都非常乖巧。

我的朋友很少，我觉得自己有点怪，和别人格格不入。

进入青春期之后，状况略为改善。害羞的小女孩成为机智、热情洋溢的少女，非常有个性（戏剧化地加重语气）的青少年。我有一群非常要好的朋友，说得准确一点，就是两个闺密，而且还是学校里最书呆子的两位。

我们讨论哲学、抽烟、喝咖啡，自觉与众不同。

某一天，就在我即将 15 岁时，安妮出现了。

安妮和我完全相反。金发、嗓门大、幽默又好相处。男人婆，个性超级活泼，就像有法语腔调的卡梅隆·迪亚茨。她常常嘲笑自己，取笑自己犯的错，而且个性开朗，大家都喜欢亲近她。

她的父母是外交官，因此她走遍大江南北，去过很多国家，会说四种语言，见过名流，也和穷苦人打过交道。而且她对所有人都一视同仁。

我深深被她吸引，和她成了最好的朋友，我的世界也突然开阔起来。

她逗我发笑，也会笑我：“你为什么这么正儿八经？”她上面还有两个哥哥，因此讲话总是直来直往；她会争取自己的权益，如果有必要，随时准备吵架、开打。

她不自大。

然而她不止散发出自信——其实更多的是单纯：她不认为有人在她之上或之下。

她和老师说话的语调，就像和朋友一样坦率。她平等对待每个人，也要求别人用同样的态度对她。她坦然做自己，也知道她只能这么做。

也许这就是我人生的功课。

耳濡目染之下，我也放松了心情。我明白自己的恐惧、害羞、满脸通红，其实都是太在乎自己，太担心自己，忧虑别人对我的看法，反而没顾虑到正和我交谈的人。

我渐渐放下焦虑，对别人的心情，谈话内容，用肢体语言表达的情绪，越来越感兴趣。我要如何让他们和我一起时感到轻松自在呢？

我学着自嘲，取笑自己的古怪、害羞。我可能会说：“我现在是不是满脸通红？因为我觉得脸颊好烫哟。”

人们感到意外，因此哈哈大笑，这些话改变了整个对话的气氛。

这么做可以拉近彼此的距离，因为这种做法出自本心，坦诚又单纯。

我勇敢发问。就像安妮一样，我认为不知道并不可耻。我不会假装知道，把事情搞得更复杂，只会说："我完全听不懂……"那么对方就会向我解释，其实他们都乐意讲清楚、说明白。

我因此牢记在心。就算我做错事或说蠢话，世界照样运转。

我了解到，我没那么重要。其他人也有同样的情绪——觉得尴尬，不知道该说什么，不知道该做何反应。直接承认，可以破解魔咒，创造轻松、自在的气氛。

随着自己越来越擅长自嘲，我也体会到大方表现不完美的自己，却能逗得别人开怀大笑的欢乐。

我发现与人沟通的乐趣，时至今日，这就是我存在的意义。不知道安妮是否明白她送给我的这份大礼。

现在，我希望能带给别人同样的喜悦。如果我让人觉得心情大好，如果我鼓励他们做自己、接受自己，我就觉得开心，觉得一天没白过。

对我而言，这就是由内而外的优雅。✕

学会自嘲

HOW TO NOT FU*K UP YOUR HELLO

怎么打招呼
才不会搞砸

插画家阿努克·克兰东尼

你好是一天中最重要的一句话。

知道我如何分辨今天工作室是否会顺利，今天团队的工作状况好不好？就看早上我们如何对彼此打招呼。

说“你好”要不了一秒钟，这是世上最容易说的一句话，但是许多人却错过了这个机会。真可惜，因为“你好”说得好，就可以改变整个空间的气氛——这是对周遭的人致意，让他们觉得不受冷落，觉得受到重视（他们真的很重要）。

虽然我是法国人，但在这方面却完全像个意大利人。

我喜欢清晰、真挚又温暖的“你好”。

每天看到每个人时，你只有一次说“你好”的机会，千万别搞砸了！好好运用这声“你好”，为了指出哪些事情绝对不要做，以下举出三个例子……

言不由衷的“你好”

这种招呼很微妙，但是人际关系就是重视这种小细节。

言不由衷的“你好”。啊，你都说了，为什么不干脆好好说呢？进入某个室内场所，开口丢出“你好”，仿佛一点也不在乎，也不看着任何人。

就像对某人说“你好”，同时回头寻找是否还有更重要的人，或是望向旁边的电视正在播什么，也可能低头看对方的鞋子。（唯一能原谅的状况就是马上补一句:“天啊，抱歉，我一时分心，我好喜欢你的鞋子。”）

说“你好”却表情诡异，搞得对方整天忧心忡忡。（她生病了吗？她生我的气？她和我老公有一腿？她刚打了肉毒杆菌？）

要死不活的“你好”

我曾经雇用过一名年轻女孩。她每天上班都捧着超大杯的双份焦糖玛奇朵冰咖啡，表情的含义大概是以下三种之一：

1. 脸色真差，她昨晚肯定过得很糟。
2. 她以后再也没机会把超大杯的双份焦糖玛奇朵冰咖啡拥在胸前了，因为星巴克不准她再上门。
3. 她的狗狗刚过世，或是碰上同等悲惨的事情。

她的招呼声有气无力，还搭配往上翻的白眼。

我相信她希望别人认为：我很重要，我的人生很有趣。今天我又会施展什么神奇魔法。结果在别人眼中，只传达出：才9点我就快无聊死了。今天又要做哪些琐事混日子?

这种登场方法导致同事们略感焦虑，后来我们决定一笑置之（很抱歉，我必须告诉大家，我们甚至偷偷模仿她）。某一天，大家决定还是该各走各的阳关道。唉!

恶劣的“你好”

在时尚界，多数重要人士都可以驾驭完美打招呼的艺术。通常是职位较低的人——然而还自以为是——才犯这种毛病。

可怕的是，时尚界的职位调整非常迅速。一旦搞砸了打招呼，人们会记得，实习生会记得。犯错的机会只有一次（即使是最优秀的人也会出错），千万不要发生第二次。

我相信这点在学校或公司也同样适用，放诸四海皆准。以下就是基本原则：

如果见过对方，也经过别人介绍，下次看到他们就该打招呼。最简单的就可以了。假装没看到，不是表示你瞎了、没戴眼镜（表示你又老又不肯面对这个现实），而是说明你是个混账。

晚宴时，应该对旁边的人打招呼、自我介绍，也该试着攀谈几句。

你也可以不自我介绍，或整晚都和另一边的人聊个不停。然而这就表示你是个混账。

假设，你正和碧昂丝聊天，管理员刚好经过（我知道这很少见，但是天下无奇不有），请对他打招呼——只要友善地点个头即可。他会明白你正和重要人士交谈。

最糟糕的就是，你根据情况随时改变对人的态度。“你好”是世界通用语言。

即使你希望别人从未介绍你认识某人，除非对方严重伤害过你，两人已经闹翻，否则就该打招呼。这是社会通行的准则。我们不是动物，连招呼都不打实在太恶劣了。

记得，打招呼是个美好的机会！运用这些免费的“你好”向世人传达正面能量，增加你的魅力，也可以趁机多微笑。

无论如何，微笑可以让你更美。✕

无论如何，
微笑可以让你更美。

THE THANK-YOU NOTE

A COMPETITIVE SPORT

人们期待收到致谢函

XO

在我的世界，致谢函相当重要。

人们期待收到致谢函。

但是他们收到致谢函时又如临大敌。

你随时都在道谢。谢谢你的礼物，那当然。谢谢你请客，毫无疑问。谢谢你给我那份工作。谢谢你为我工作。谢谢你给我面试机会。谢谢你让我采访你。

谢谢，谢谢，谢谢。

也谢谢你向我道谢。这就像俄罗斯套娃。请想象一下：

有人送花，谢谢你的出色合作。

你得谢谢对方的道谢花束。

而且你可能——也不是不可能哟——收到回函，谢谢你感谢他送的道谢花束。我发誓，没骗你。

再不济，也会收到对方的道谢邮件。

谁撑到最后，谁就赢？这就是纽约的游戏规则。

我不清楚巴黎如何写致谢函，但是我不记得收到过那么多道谢。好吧，其实一次也没有。

不晓得是不是因为我住在那里的时候，我所做的事情不值得道谢，还是因为巴黎是个没那么感恩的城市。

总之，当时我自己也没有到处致谢。

我刚搬到纽约时，大家一定觉得我很没礼貌，竟然没公开致谢。嗯啊嗯……那时我还搞不清楚状况嘛。

后来我在纽约边做边学，下面分享我写致谢函的技巧：

✕ 只要发自内心，任何形式的致谢函都可以。

✕ 可以用圆珠笔在餐巾纸上涂鸦，画张非正式的致谢函。也可以找张合适的卡片，用精致的钢笔书写（感谢你为我准备这顿美好的晚餐……）。

TANK YOU March 22, 2012

Dearest Garance,

I think you are in Miami, sick as a dog and I hope that by the time you get this note you are feeling much better – always happens when you start to unwind... grrr...

Anyhow! A big thank you for the lunches you fed us at - I can see from all the amazing comments for the videos that they were a huge, huge success – as we knew they would be ☺

olivier theyskens

MERCI BEAUCOUP

此外，不要忘了：

× 应该让人觉得你是专为他而写的，写个你们才知道的小事或当时发生的逸事。

× 不必写得太冗长，亲笔书写足以表达心意。

× 如果用幽默的语气道个歉，致谢函晚点寄发是无所谓的。但是如果不知道对方有多少幽默感，还是早寄早好。

× 最后，署名请简洁一点。根据收件人与自己的交情，写“爱”“祝好”“爱你”。

× 自己书写地址。

没了，就这么简单。

但是有一点很抱歉，我到现在还不知道何时该停止俄罗斯套娃式的反复道谢，所以我干脆随时随地感谢每个人。

谢谢你们读完这篇文章。

真的，谢谢。

不，我坚持，是我要谢谢你！×

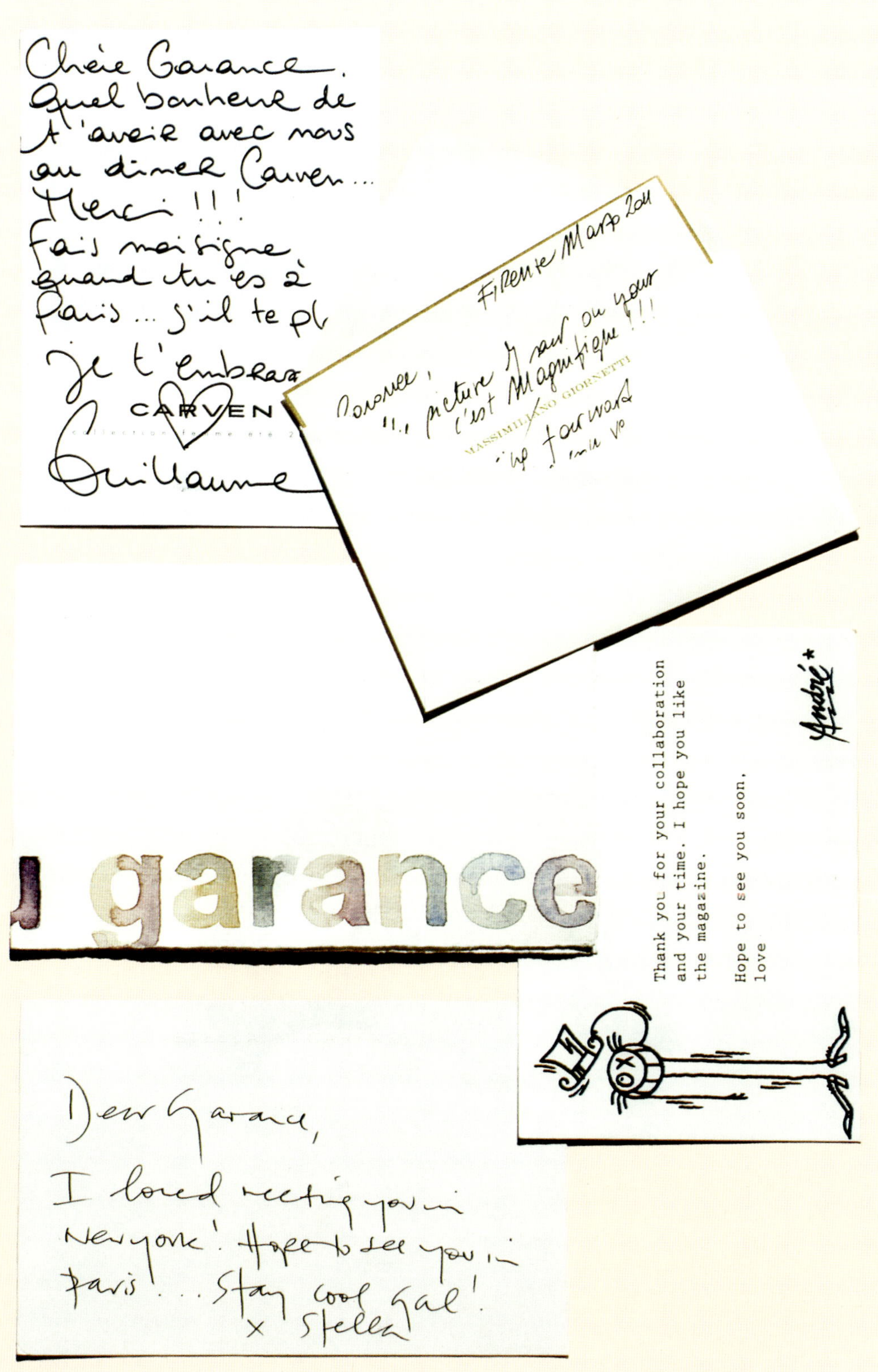
Chère Garance.
Quel bonheur de t'avoir avec nous au dîner Carven...
Merci !!!
Fais moi signe quand tu es à Paris... s'il te pl
Je t'embrasse
Guillaume
CARVEN
Firenze Marzo 2011
MASSIMILIANO GIORNETTI
garance
Thank you for your collaboration
and your time. I hope you like
the magazine.
Hope to see you soon.
love
André
Dear Garance,
I loved meeting you in New York! Hope to see you in Paris!... Stay cool gal!
x Stella

E-MAIL MADE ME A BAD PERSON

电邮害我当坏人

如果没有电子邮件这种东西，
你一定会说我是个有法国腔调的可爱女子。

然而世上的确有电子邮件。我还是不了解怎么走到了今天这一步。某一天，有个人决定："电子邮件才是现代人的沟通方式！"就这样，电子邮件掌控了我们的人生。

没错，我同时决定开个博客。

不可能有自己的博客，却没有电子信箱。

是的。我考虑过，我也可以学拉尔夫·劳伦，坚持不用电子信箱。

但我终究不是大设计师。我还没有酷到觉得没必要回信。注意啦，拉尔夫，我会努力向你看齐。

我就是我自己，如果你发电子邮件给我，我发誓会努力回信。

但是结果不一定成功。理由如下，请试着别恨我，好吗?

首先，你要知道，我不会打字。

我打字很慢，只会用两根手指，超羡慕十指如飞的人。但是，与其要我坐在计算机前，学习如何打字，我宁可做一百万件其他事情。

没错，用两根手指慢慢写博客非常没效率。有一天我一定要进化。在此之前，实在没时间，也没力气回电子邮件啊。

但是电子邮件如雪片般飞来。
团队和经纪人寄来的信。

我通常会回这些邮件，因为内容急迫又很重要，况且我知道我可以用"嘉兰丝木色"回信。只有了解我的人才看得懂这些文字。

例如：

"我会去但没办法太早到。最早也要9：30，我之前还有事要……小嘉爱你。"

我知道，勉强别人看懂我的电邮语言太没礼貌。只有粗鲁的坏人才会这样。

我不是早就说过吗?

客户和潜在客户寄来的信。

- ✕ 电子邮件在我的收件箱躺了5分钟之后：啊，这件事很重要。但是我不能用“嘉兰丝本色”匆忙回信，我就先以旗帜标注，等我想出完美答案时再回复。

- ✕ 邮件在我的收件箱躺了一天之后：糟糕！那封旗帜标注的邮件！我完全忘了！我一回工作室就马上回复，那封信很重要！我要再传给自己，还要设置提醒。如果两天还不回，我一定会丢了那份差事。

- ✕ 三天之后（已经标注过3个旗帜了，也提醒10次了）：老天爷，那封电邮！我非得放下手边工作，立刻回复。如果回复简短，最后还有“从我的手机传送”，应该没什么问题吧？问题很大？可是我还有什么办法？

拖了很久，并且用手机匆忙回复客户？那也太糟糕了。

没礼貌！更糟的是：不专业。（在美国，这是最难听的骂人的话。如果你想看到别人生气红脸，再也不给你好脸色，那就试试看吧。）

我不是早就说过吗？

我知道你怎么想：为什么不专门留出时间回复邮件呢？

因为我试过。结果整个早上，八成的时间都在做这件事，我都快被逼疯了。

亲友寄来的信。

除非收到邮件时，我很无聊，又刚好挂在网络上，否则我都告诉自己，等到有时间，我一定会回一封精彩的邮件，用亲切幽默的文笔聊几个新消息、说几个笑话、附几张照片、问几个问题。

因此我决定晚点再回，等我找到时间。结果就是永远没空。

家人不仅痛恨我从不回邮件，也很担心我。接着就会发短信：“我们很担心，你还好吗？”

我不是早就说过吗？

我终于决定开始处理邮件灾难（丢了项目、和朋友决裂、脱离亲属关系）——聘请助理。

我的助理用功认真，时时刻刻都在回信，而且用的是真正的文字，不是笑脸贴图（我常用贴图，不仅幼稚，而且看起来很不专业），解决了许多问题。

如果我必须直接回信，她还会盯着我回信，搞得我都想“杀”了她。其他不需要我本人回复的信件，都由她负责，而且她会处理得非常专业。

她也回复那些知道我有打字问题的人，还有那些不介意我找人代笔回信的人。

有时她甚至帮我发邮件约朋友聚会，或是回复家人信件——规划去摩洛哥的假期，否则我根本不可能和家人去摩洛哥度假。

问题在一定程度上得到了解决。但是我内心

深处知道，这种方法有多没礼貌，没礼貌到极点。

况且，某天我的助理可能会告诉我，她要代替我和我的家人去摩洛哥度假。

果真如此，她有这个权利，是我活该。我是坏人，这全都要怪电邮啦。✕

我会去但没办法
太早到。
最早要 9：30，
我之前还有事要……
小嘉爱你。

EXCITING
FESTIVE
ONE-OF-A-KIND
MEMORABLE
VIVACIOUS
CAREFREE
HAPPY

NETIQUETTE

社交焦虑

我们到底有多迷恋自己的手机？

我们每两分钟就有可能撞到车子、人、电线杆，只因为我们忍不住边走边发信息。

我们花许多钱上网，而不是存钱买美丽的鞋子（对，我说的就是你，国际数据漫游费用）。我们对全世界公开的事情，却连自己的妈妈都不想说（对了，其实你妈也关注你）。

也许我们需要设置一些原则，这些原则还得与时俱进。因为你对一种社交网络上手之后，另一种又如火如荼地流行起来，而且更好玩，更酷，更需要你投入时间，也会引发另一层社交焦虑。

为了保持酷劲儿，还要，呃，掌握社会脉动，我们最好有一定的社交网络规则，要注意……

有些事情导致别人再也不打电话给我们。

× 例如，无论约会、开会、面试、晚宴或婚礼，时时刻刻都盯着你的手机。应该与人互动时——拿出手机是不妥的行为。注意：把手机放在桌子底下偷看既轻浮又没礼貌。别人会认为你觉得他们很愚蠢，不想正视他们，不会知道你正在偷看手机。

更糟糕的是，他们可能以为你边听别人说话，边看自己的胯下。

对方肯定不会再约你共进晚餐。

有些事情导致别人痛恨我们。

× 在办公室看手机时突然爆笑，同事可能觉得你在嘲笑他们（而且上班偷懒）。如果不小心发生了（切记下不为例），就跟大家分享这个笑话吧。

× 在公交车上通话，在电影院发信息，把疯狂的《大白鲨》配乐设为来电铃声。大声念出推特上的笑话（我就有这个坏习惯）。戴着耳机听音乐，把音量调大，以为别人都听不到。

有些事情让我们看起来呆头呆脑。

× 把手机带进餐厅洗手间。手机可能掉进水里，于是你请服务员拿杯生米来干燥手机。（没错，这么做可以吸收湿气，不是我告诉你的哟。）

× 偷拍别人。闪光灯通常会在这时突然跳出来，我之所以会知道，绝对不是我在瑜伽教室偷拍过照片，结果差点在全班同学面前被自己的闪光灯闪瞎眼。

有些事情让我们看来毫无自觉。

× “我刚刚在自己家附近，四十五街和第五大道转角的美甲沙龙看到了维多利亚·贝克汉姆！”

首先，谁在乎维多利亚·贝克汉姆在哪里——好吧，老实说，人类天生爱偷窥。

但是你没有权利问都不问就分享别人的行踪，这不是分享，这可是狗仔队的行径。绝对不行。

× “我和亲爱的早上来星巴克。他点拿铁，我要了黄金烘焙，都是超大杯哟。是不是很有默契呢？”

别整天秀恩爱。做自己很难吗？

无论如何，如果你要展现你有多爱自己的情人、孩子、父亲、母亲，那么仅限一年两次。我知道，你很难办到。但是我真的不在乎你老妈，真的。当然啦，除非她是维多利亚·贝克汉姆。

× “天啊，宝宝刚吐在我的巴黎世家衬衫上了！老天爷，好可爱！ #宝宝克洛伊#宝宝#爱#幸福。”

因为我知道家长有多难以自持，所以我比别人更能容忍宝宝的照片。这些人当上父母就像被外星人绑架过，整个人都不一样了。恐怕要两年才会恢复原状，甚至一辈子都不会变回来。忍一忍，当个好朋友，多体谅点。

× “我和朋友嘉兰丝·多尔。天啊天啊天啊，喝得超醉！”

擅自把朋友在照片中圈出来非常非常恶劣。一点也不好笑。任何暗示你喝得烂醉的事情都是私事。况且我认得嘉兰丝，她才不会喝醉。

× “关注我！”

如果你不到 15 岁，那还蛮可爱的。如果你超过 15 岁，这也太尴尬了吧。

抱歉，刚收到信息，不聊了。×

“关注我！”

如果你不到 15 岁，那还蛮可爱的。

如果你超过 15 岁，

这也太尴尬了吧。

ELEGANCE IS NOT. . .

优雅不是……

我喜欢取笑自己，

当然也喜欢拿别人开玩笑。但是我努力不妄自评断他人。

因为每次我妄自评断他人，后来都发现自己错了。

我们知道，并非所有人都遵守同一套礼仪，从巴黎、伦敦、纽约到东京，各自有不同的规范。

此外，毕竟每个人都有表现欠佳的时候，或是品位糟糕透顶的造型（有些人甚至将此作为自己的标志！），偶尔在星巴克插队。什么？你从来没有过？

好吧，你应该了解我的意思。我这个人充满爱与同理心。然而有时，我依旧忍不住要批评。

从头到脚都是名牌

名牌加名牌加名牌：坏品位。

这个批评很温和，但我看到的只是不安全感。

我知道当个活广告牌不妨碍任何人——只要当事人开心，又有何不可？但是说别人没有安全感，这依旧是妄自评断他人啊。

在男人面前半裸乱舞

身为女性，每看到一次就难过一次，心里的大姐角色也会蹦出来。我想拿袍子包住她，但是她一定第一个骂我疯子。我真的相信所有女性都该团结，也要彼此照顾。

这不算太糟的批评，远远看着也觉得很有趣。然而内心深处，我光看都觉得心痛。

我会努力传送心电感应："你不必这么做也可以得到爱！小心啊！他们正在拍照！"可惜她一点也不在乎我的想法，因为我们每个人都得自己摔倒过才知道痛。

如果你恰巧是我的朋友，我不会传送心电感应，丢到你身上的也不是袍子，而是一大桶冰块。

大家都值得
别人尊敬，
也该被问候一句：
“嗨，你好吗？”

不吃饭

我知道自己不该批评，因为这是深奥又难解的问题。但是每当看到女孩不点餐,因为“她一点也不饿”，到头来只点一壶茶，还拿出拉链袋里的三种谷物当甜点时，我就想惊声尖叫，冲到世界的另一个角落，呃，好比布鲁克林。

我不想提出这个问题，又不想假装没看到。我两种方法都用过，依旧行不通。这不是我的个性，我无法坐视不理，但是我又帮不上忙。抱歉，我只会批评，然后逃之夭夭。

用高人一等的态度对我的同事说话

我要复述一次，我们赶时间时，可能偶尔很匆忙，很没礼貌。

但是我实在不理解，为什么有人用高人一等的态度对我的同事说话。

好了，我又开口批评了。

为什么可以用不可一世的态度对职位比你低的人说话？难道你以为我不知道？难道你不知道我的助理某天可能会成为你的老板（我现在已经对她唯唯诺诺了）？即使没有那一天，大家都值得别人尊敬，也该被问候一句：“嗨，你好吗？”

我真是不懂，而且每次听到都很抓狂。

过分八卦

相信我，我也很八卦，如果只有你和我在咖啡馆，我的有些八卦可能会逗得你哈哈大笑。

然而凡事都有限度。真的。有些实在是“令人厌恶的八卦”。烂八卦?

例如别人不想透露的健康问题，谁和谁交往，或是其他不该在公共场合提起的私事。

对我而言，那种八卦太过分了。

如果不熟的人对我嚼这种舌根，我会吓死。我不知道该做何反应，我不想听，只想把头埋进沙里，忘记这个传闻，也希望这辈子不再看到这个长舌鬼。

大概就是这样！以上是我忍不住要评论他人的时刻。至于其他状况，请各位随心所欲。我这个人就是充满爱与同理心啊！✕

ELEGANCE IS

• • •

优雅是……

- 真诚微笑。不见得完美，却很灿烂。
- 出租车司机等你进屋，确保你安全抵达才离开。虽然罕见，却令人暖心。
- 有幽默感，会自嘲。如果你是乔治·克鲁尼或奥巴马，更令人赞赏。
- 重视他人。有没有碰到过某些人，每当他们听你说话时，总让你觉得你是全世界最有趣的人?
- 没来由地送花。
- 有礼貌。有时可能令人觉得多余，我知道，但是无论身在何方，懂得几个基本礼仪，而且不突兀地自然运用，这样非常优雅。
- 帮人开门。拜托，请拉着门让别人先走。抱歉，我知道这很老派，但是绝对值得。
- 正大光明地辞职。大方支付小费。胜利就理所当然地庆祝：有品位绝对不等于谦逊过头。
- 知道何时该到（主人还没烤好火鸡就是太早，火鸡都凉了就是太晚），何时该走——不要第一个离场，也不要殿后，介于两者之间。
- 对任何意外的小插曲都能一笑置之。
- 拥有文化修养，无须声张，这彰显了你对世界开放的心胸！文化是世上最优雅的配件。读本书吧。
- 道歉。而且要真心诚意。解释自己哪里有错，证明你已经好好反省。给别人时间考虑要不要与你重修旧好，也能体谅对方从此销声匿迹。
- 不解释也能拒绝别人，但是态度必须博得对方的尊重。
- 懂得说话之道。知道如何开口。（秘诀呢?多看书，多练习。）
- 服务员追着你跑，急着还你手机。
- 和颜悦色。我深爱温厚的人，对我而言，温厚是上等人的特征。不妄下论断的温厚仁者才具有大智慧。
- 客气地询问你坐几号座位的人。你发现自己坐错位置，对方还陪你一起大笑。
- 陪你等出租车的朋友。
- 回馈付出。对慈善机构付出，对儿童老者付出。分享自己的经验，传递给他人。
- 对你所关爱的人，要给他们自由、同理心和体谅。
- 要给你自己自由、同理心和体谅。这点优雅至极。

ON ELEGANCE

JENNA LYONS

优雅谈

一对一专访带给我莫大启发的女性

詹娜·莱恩兹

嘉兰丝·多尔（以下简称多尔）：对你而言，优雅是什么？

詹娜·莱恩兹（以下简称詹）：对我而言，优雅就是肯认错。我知道这可能不符合你印象中优雅的特质，然而这点非常重要。

多尔：你写致谢函有什么原则？

詹：别人送礼，我从来不用电子邮件道谢，除非对方送的是无法永久保留的东西，比如鲜花或食物。我会拿出纸笔，花 5 分钟，好好地感谢对方。

多尔：我有一次在你的墙上看到，“亲爱的，谢谢你的三明治”。那是致谢函吗？

詹：对，那是汤姆·萨克斯留的。他来找我，我们共进午餐，后来他拿起记号笔和白纸写了那句话。他没花多少时间，我却觉得意义非凡。

多尔：你如何应对社交媒体和自拍风潮？

詹：我穿上高跟鞋之后有一米九，所以大家都比我矮。刚开始流行自拍时，别人会问：“我可以和你合照吗？”我都说好，但是他们的相机永远放在我的鼻子前。我非得想办法不可！现在我多了一个条件：要拍就得让我拍。

多尔：大家都知道你改写了优雅晚礼服的规则，我觉得棒极了。你是怎么办到的？

詹：多年以来，我发现自己穿得自在时最优雅。对我而言，那就是男装羊绒衫搭配羽毛裙。但是，如果觉得这种打扮不适合自己，也不必打破晚礼服的规则。穿得自在，才能表现出最优雅的自我。

多尔：在职场发挥优雅的秘诀是什么？

詹：我周围的同事都很有才华，而且全心投入工作。这个行业没有所谓的正确答案，因此我做评鉴时，即使最后否决了对方的提案，我依旧会出主意帮他们优化作品。

PARIS VS. NEW YORK

PERFECTION

巴黎与纽约

完美

在凡事讲求完美的纽约，人们经常觉得自己不够完美：
明明已经做得不赖，却总觉得可以更好。

只要完美无缺并非你的人生目标，这一点就不成问题。但是你恐怕得穿件T恤，上面写着“我不在乎是否完美”（如果是搞怪超模卡拉·迪瓦伊，还可以写“让完美去死吧”），别人才会放过你的平庸。

因为在这里，尤其是时尚界，追求完美简直是大家的信仰，尽管人人都爱看《女孩们》。（能在电视上看到正常人真好！）

我研究纽约社会将近5年，我认为追求完美的根源来自追求以下……

100分的男人。

在纽约寻找这个人可是正经大事。非常，正经，太过正经了。

你最好别搞砸，我们稍后讨论这是怎么发生的。为了让你了解我的想法，我先解释法国人的认知。

放心，我长话短说。

对我们法国人而言，遇上谁就是谁了。也许是多年的朋友，也许是刚在夜店认识的人。总之就是突然天雷勾动地火。你们聊了很久，接吻，如果两情相悦，也许立刻发生关系。总而言之，这不是什么了不起的大事。

隔天，如果对方还在床上，你就帮他泡杯咖啡。嗯，就这样。

此后你们成了恋人，事情就这么简单。

不必再寻寻觅觅，法国没有所谓的试用期。

一旦喜欢谁，马上试试看。

如果两人合不来，一阵子之后就会和平分手，刚好有借口在雨天坐在咖啡馆抽烟——很像电影里的情节，的确。

也许我们就是因此给人留下了浪漫的印象，因为我们不躲避爱情。

也许我们就是如此不在乎完美，才让世人深深着迷？谁知道。

至于美国，你要先交往。交往对象又是什么？就是你“约会”的人。也就是说你们两个一起计划如何度过某些晚上或白天，然后互相了解对方。你们可能接吻，可能不会。也许第一晚就发生关系，也许好几周以后。

但是交往不代表你们“在一起”，你们不是恋人，只是正在交往的对象。他可能还有其他对象，你也有权利和其他人交往，他绝对不会有意见。

我第一次听到时瞪大了眼睛，但是他们说：“这个方法才对啊！否则你怎么知道哪个人最适合你？”

这就像某种终极试镜大会，而且还很有真人秀《幸存者》的风格（在失败恋情的汪洋上，最后一个站在浮板上的人获胜）。对方的每种特质都是一个考验——从他喜欢去的餐厅（“他带我去吃汉堡！你能想象吗？肉？听好了，我绝对不会再回他的信息！”）到他的各种技能（生活、工作，知道何时该穿 Common Projects 的鞋子），你不必和他成为恋人，就可以痛快地测试他，直到你觉得他有资格成为未来丈夫的候选人。

婚姻在美国是非常重要的制度，可以说是“人生赢家”的评判标准。

我甚至不想多说这里的人有多重视婚礼，那是多年想象和社会压力累积的结果（请参考结局圆满的浪漫爱情电影）。总之，我们专注讨论完美男人的神话即可。

那么谁是 100 分先生？

首先，不要相信女主角（美艳可人、时髦风趣，还有一份好工作）嫁给书呆子（微胖、没有全职工作、有点古怪，但是擅长搞笑又让人难以抗拒！）的美国电影。这些编剧都是书呆子。

真实的人生才没有这种事情——抱歉，我说的是纽约。

纽约的 100 分先生绝对要有完美工作（这是入门条件）、英俊潇洒（其实只要有稳定、高薪水、社会地位高的好工作即可）、不要太混账，还有……好吧，差不多就是这些条件。

还好，当个纽约的 100 分先生并不难

困难的是当个 100 分小姐，双方人数悬殊。因为纽约有许多本事了得的女人，大概是优秀男人的 5 倍吧。

以下就看看所谓的 100 分小姐。请各位多多包容这些陈词滥调，好吗？

100 分的纽约小姐
拥有 100 分的纽约身材。

各位应该已经知道：纽约女子苗条又结实。没有这种完美身材的人就会被当成不够格参与竞争的好姐妹（我却认为这些女孩才是人生赢家，然而这只是我个人的看法，而我又不是主流派）。

我没有确切的证据证明纽约男人就爱追求这种女性，但是根据我的观察，八九不离十。

想想我们在健身房花了多少时间，罗马可不是一天建成的。何况还有工作要忙。

100 分的纽约小姐
有个 100 分的纽约工作。

那可不容易。

我和公关业（这是好工作，因为可以参加各式各样的酷炫派对）的朋友聊天，她说她交往的男人还有另一个约会对象（我不早说了？）。另外一个女孩在梦幻般的旅游业（比参加派对更棒，因为你可以免费到处飞）工作。

问题在于这个男人还有第三号交往对象（我知道你在想什么，我也不知道男人同时交往的对象有没有数量限制），对方是个模特儿。模特儿是终极情人，虽然她唯一的优点就是让男人说："我的女朋友是模特儿。"

好吧，不要太苛责那个男人，他一定觉得赚翻了。

在梦幻之都找到一个梦幻工作可没那么容易。

因此这就是梦幻工作争霸战。也许你真正想要的工作是整天坐在计算机前混日子，一份不会让你过度劳累的工作。但是抱歉了，这种工作在约会市场卖相不佳啊。

100 分的纽约小姐
拥有 100 分的闺密。

她当然有闺密，而且是从幼儿园就认识的。此外还有"现在的闺密"，也就是她希望别人看到一起参加派对的人。（好好好，我讲话太讽刺了。然而这整件事都很讽刺，大家就别假装没有这种事了。况且我是法国人，挖苦别人本来就是我们的专长！你以为我只是浪漫？）

她还有律师朋友，可以指点她投资的金融界朋友（显然这些人都是找到丈夫的好人脉），当然也有喜欢参加派对的开心艺术家朋友（人都很好，只是有点吵），有头有脸的朋友（首席执行官、总编），名人朋友（如果你住在纽约，却不认得任何有知名度的人，那就不算住在纽约）。

建立这么广大的人脉需要好几年，但是不能不努力！不屈不挠才能证明你是永不放弃的 100 分小姐。

这还只是基本条件。

以上只是前三条而已。

还有几项条件。

以下按照重要程度排列：

1. 拥有一间很棒的公寓。好吧，这要视年龄而定，但是好住处非常重要。公寓要有门卫（原因不明，但是大楼有门卫代表你的身份地位，我的公寓没有，我大概只能去旁边画圈圈了），或者是——其实这更棒——住在顶楼。

2. 住对地区。要知道，住在哈勒姆区（即使我们很看好哈勒姆区的前景）绝对不如住在西村。

3. 拥有美丽华服！对，住在纽约最好有时尚圈的熟人，这样才穿得到自己买不起的衣服，就像《欲望都市》里的凯莉一样。（如今我终于知道她为什么可以用专栏作家的薪水买到美丽行头了！她有公关界的朋友啊！）

4. 消息灵通。了解所有的好餐厅，认得餐厅老板，才能在最后一分钟订到座位。不必排队就能进夜店。你得承认，这可是莫大优势。

没错。

该做的。

有很多。

而且还不能只是做到，如果有可能，就要做到最好。

你还要装作一切只是小菜一碟。

姐妹们啊，这才是重点，也是我这颗法国小脑袋最想不通的。你要做到上述事项，最重要的是，还要装作不费吹灰之力。

在纽约这么压力繁重的都市，你不可能做得尽善尽美，还轻松自如。要达到这么完美的境界，你必须是个控制狂。但是没有人喜欢控制狂，你只好说：

“我爱汉堡！这是我最喜欢的食物！”

“我是夜店达人！”

“我喜欢喝啤酒！”

“这间公寓？哪有，我自己随便装的，只找了好姐妹帮忙。”（好姐妹就是我的设计师。）

“我很务实，非常看重友谊。”

差不多就是这样。我大概花了5年才参透——完美的人不酷，酷的人不完美。✕

完美的人
不酷，
酷的人
不完美。

LOVE

如　何　爱

在爱情面前，
我们永远长不大，
总是在跌跌撞撞中
所以无论如何，
我们都要敞开
心扉。

学习。

THE L WORD

爱

某天我和我父亲通话，

我很少打电话给他，当时很想告诉他我有多爱他。

“爸爸，我爱你！”

静默。

“呃，爸爸？”

“什么事，亲爱的？”

“我爱你！”

“不好意思，我没听到。你说什么？”

“嗯啊……我很想你！”

“是啊，对对对。我也想你，亲爱的，非常想你。”

我们父女俩的感情没有问题，彼此相亲相爱！只是法国人不随便说“我爱你”。我爸没听到，因为他没想到我会说“我爱你”（我这个举动也太美式作风了）。法国人认为，“我爱你”很强烈，“我爱你”很戏剧化，“我爱你”有深层的意义。

当然，每家的情况不同。有些家庭从来不说（但不表示他们不爱彼此），有些家庭，例如我家，只在特别的时刻说。有些家庭也常说，但是据我观察，这个比例相当小。

当时我搬到美国才一年，有个美国朋友发来电子邮件，最后写着“我爱你！”请想象我有多惊讶。

慢着，什么？我花了半小时读了又读。

“我爱你”，等等，你“爱”我？这究竟是什么意思？是两情相悦的那种爱？朋友之间的爱？你爱我，意思是你想吻我？你当我是姐妹？你……

我打草稿写了很长的邮件，说我也爱她，但不是她那种爱。然而我们之间的友情不变……

最后我终于不再纠结，而且谢天谢地，幸好我没发出那封信。

原来“爱”或“爱你”在美国的邮件中是常见的结语。

我哪知道啊！

如今我的说话方式还是带有浓厚的法国风，想必当年刚搬来纽约时也令人啧啧称奇。语言在这里有全新的意义。

你“爱”某人不代表你想和他一起吃饭。这又是我得跨越的另一个巴黎、纽约文化鸿沟……

纽约客：“啊，天啊，我好好好好好高兴见到你。你好吗？”

巴黎人：“嘿，最近好吗？”

纽约客：热情拥抱。

巴黎人：轻吻两颊。如果你想显示自己非常关心对方，双手搭在他们肩头亲吻脸颊。哇，那一定是一世的好闺密。

纽约客：“你的连衣裙。老天爷，我爱死了！你从哪弄来的？”

巴黎人：“你的连衣裙不难看（不难看 = 不差，非常法式的说法）。你从哪弄来的？”

纽约客：“嘉兰丝？她是我最要好的姐妹！”

巴黎人：“嘉兰丝？噢，我认识她。”

纽约客：“碧昂丝？她是个疯子！”

巴黎人：“碧昂丝？她挺幽默的。”

看吧。你现在知道巴黎酷劲儿的另一个秘诀了，就是不要太“爱”任何事物。其实这样也不差，因为当你用法语说出“我爱你”，别人会知道你是认真的。

所以，如果某天有个巴黎人告诉你，她“爱”你的连衣裙，你绝对可以兴奋地上蹿下跳，把那件连衣裙裱起来。

当然啦，我已经有所改变。我常常拥抱别人，我爱每个人，我的父亲、会计师（爱你……我的意思是祝好！），而且也觉得很有意思。所有人都这么开心幸福，真是温馨。

我爱死了。X

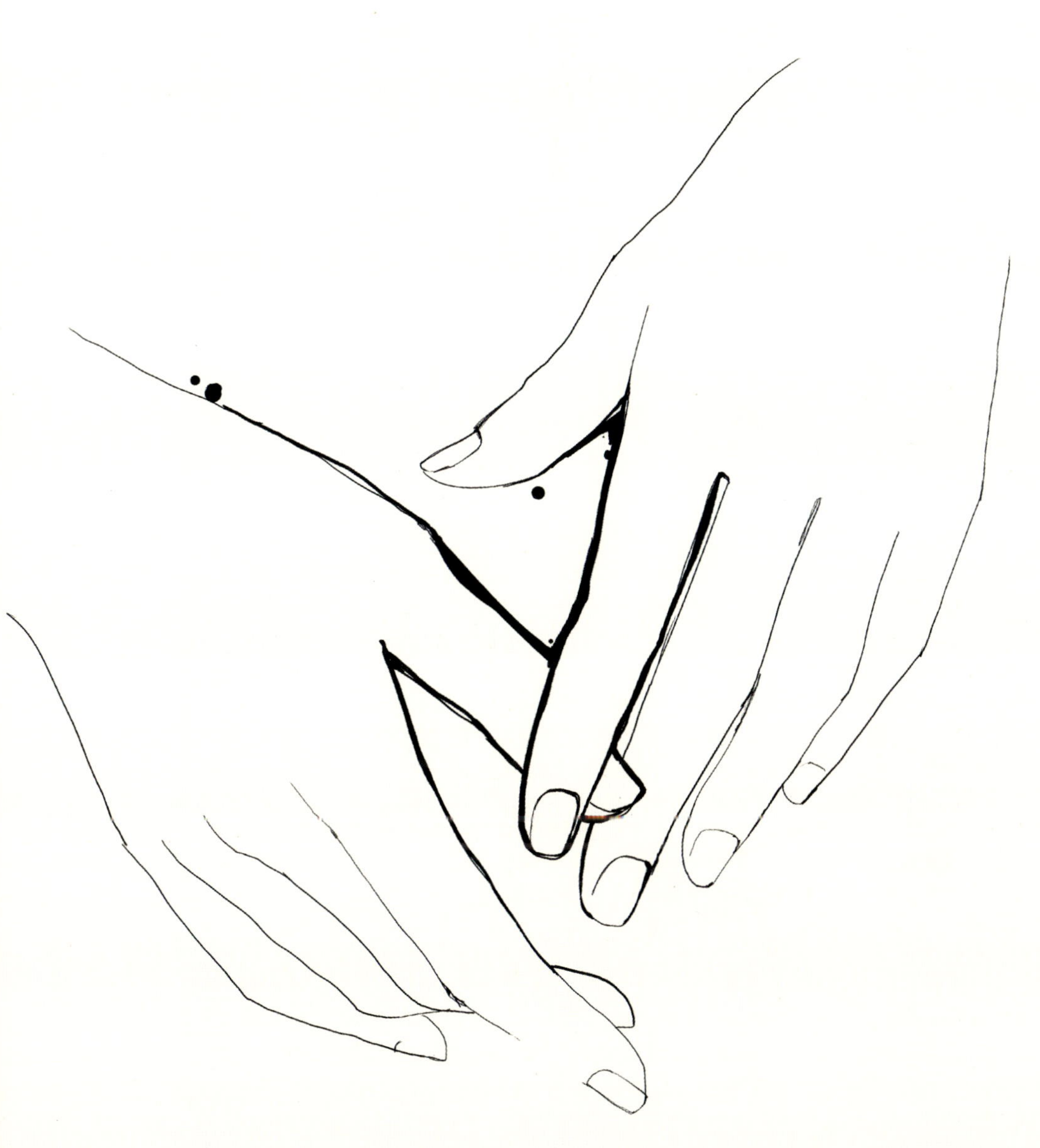

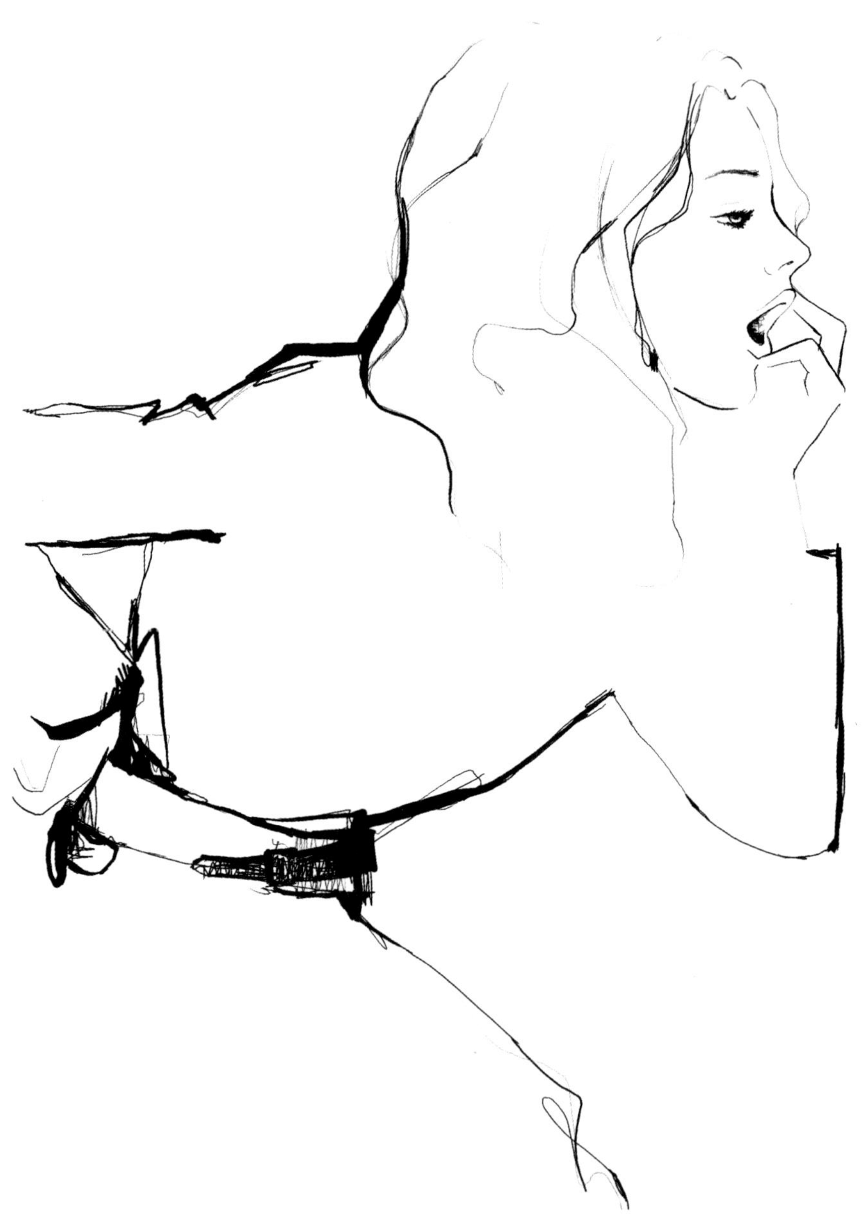

IN THE FAMILY

家人

我的家人很疯狂。

我很幸运，他们是好的那种疯狂，充满爱的那种。

我们都深爱对方，有时简直情不自禁——看对方不顺眼，管对方的闲事，逼疯对方。

关于爱，我的家人教给我许多，你爱的人有可能……

暗地里嚼舌根。

友情的第一守则就是绝不暗地里乱嚼舌头根子，对不对？这条规则不适用于家人。不知为何，在我们家，大家最爱打电话给乙抱怨丙。

当我妈向我妹抱怨我永远不会稳定下来，也总是装疯卖傻时（“你不觉得她该生个宝宝吗？我好担心！”），我正在对我弟唠叨我妈的决定（“她为什么不赶快卖掉房子？真是够了！”），我妹则是正在背地里嗔怪我的父亲（“你相信吗？他竟然没问我要不要吃块鹅肝？怎么会有这种事啊？”）。

以前我以为我们家的关系失调。

现在？我明白这只是出于爱与关心。至于电话账单呢？别提了。

家人一定爱你，但是他们会……

批评你的人生决定。

从朋友到邮递员，都会最低限度地尊重你的人生决定，对吧？

但是我们家的人都认为自己最了解状况。这不是谁比谁成功的问题，我们都有成功和失败的时刻。

举例：某天我打电话给我妹，说自己有多穷、多绝望。我只想借她的肩膀靠一会，结果她说：

“听着，亲爱的，那不就是你的选择吗？你既然选择要过波希米亚式的艺术家生活，就不要抱怨你连一双鞋都买不起。你当初就做了抉择：我可以买鞋，你只要画画。”

我超震惊！好吧，她说得对。但我依旧很震惊！

我至今都无法忘记听到那句话有多痛……但时间是解药。

我从家人身上还学到了什么？爱就是原谅。

因为家人爱你，却依旧……

认为你的恋人是个失败者。

你以为家人会接受你的选择，对不对？

当然。

介绍这个失败者给家人时，他们的眼神和假笑与你的朋友如出一辙。他们过后一定会在背后乱嚼舌头根子（“她去什么鬼地方找到的那个人？甚至连帅都谈不上！”），等你三年后发现他真的是窝囊废而和他分手时，你也不知道：

1. 你是不是受家人影响。

2. 他是否真的那么没用。

即使他们喜欢你的男友也一样，那压力真不一般。“他人很好，要好好珍惜。别这样，不要那样说，别分手，再带他来看我们嘛。”——诸如此类。

得了吧，家人们，自制一点！

我的建议：在你确定他是真命天子之前，都不要告诉家人。

所以面对家人，有时最好……

拉开距离。

我发现自己远离家人时，反而更爱他们。

彼此隔着一片汪洋，我比在他们身边时更贴心周到。

- 一旦碰面，我可以把大半时间留给他们。
- 我可以当良师益友（因为我不管他们的闲事，他们可以打电话用自己的话叙述，而且远在千里之外的我也不会妄加评论）。
- 我可以爱他们原本的模样（这就像看电影，远远看，他们的小缺点都很迷人……）。

然而有时家人可能……

赌气不跟你说话，
即使他们每天都在想你。

每个家庭都会碰上“最大的危机”（从某天早上打招呼的语调不对劲，到害全家几乎破产的各种事情都有可能）。

此时，我们就会冷战。有时只是几天，有时是两三周，有时是几个月。例如上次我妹和我妈吵架，那可不容易，毕竟她们的家只有3分钟路程，两人每天打电话来问我对方好不好。

最后我终于爆发了，要她们两个自己去问，因为她们恐怕忘了，我可是住在大西洋彼岸（我认为她们真的忘了，都怪现代科技太发达！）。

此外，我爸和我从未见过的爷爷也是个悲剧。

我爷爷几年前过世，他和我爸已经超过40年没说过话，就因为他不同意我爸与我妈结婚。这件事情相当令人痛心。

人生苦短，没必要这么极端。疯子们，不要冷落对方。

家人爱你，却……

赔光你所有的钱。

每次我家发生这种事情，都是从一片好意开始的（包括征服全世界的梦想）。

钱很神奇，因为真的会影响人际关系。我就看过家里因为不理智的投资而两度破产，但是你会知道没钱不是世界末日，而且只要开始工作，钱再赚就行了。

问题是你可能失去房子、车子和咖啡壶。还得眼睁睁看着邻居买走。

通过多年观察我的家人，我学到了：

出借金额不要大过你所能负担的损失，别让任何人“打理你的钱财”，也不要让任何人“打理你的事业”。一定要签合同，但是千万别以为合同是护身符。

不要相信传闻。

只要掌握这几点，你就能好好享受家庭所带来的美好：

家人有缺点、怪癖，你一样爱。不给你吃鹅肝，你照爱不误。政治观念与你相左，你爱到底。爱你认识了一辈子的人，爱兄弟姐妹，也爱年纪只有你一半的同父异母妹妹，即使她在推特上胡言乱语。

爱父母，爱继父，爱所有家人。尽管家人数目多到犹如一个小部落，你依旧深爱他们。

你爱所有疯狂的家人聚在一起。你们一起变老。看着下一代茁壮成长，感到欢天喜地。你对家人的认识胜过了解自己。

即使全世界天崩地裂，你还有个家可以回。✕

L'AMITIÉ

友谊

在法国，我们有两个词形容友谊。

Copain：你喜欢，而且不时会碰面的人。

Ami：与你有深厚友谊的人。

对法国人而言，友谊如同爱情，甚至更美好。

因为友谊难寻，还需要长时间经营，更显难能可贵。

而且真正的朋友就是一辈子的交情。

我有许多朋友，手机通信录有几千人。我可以请 1000 人来开派对。如今有了网络，社交圈更是无远弗届。但是我刚和男友分手的凌晨 4 点，可以找谁呢？

我一只手就能数完，但有这么多闺密我已经很感激了。

对我而言，真正的闺密……

× 不会批评你，但是有权利骂你的大面积刺青。

× 会丢下手边所有事情来帮你，只要你说情况紧急，但是也可能直指你只是反应过度。

× 有权利生你的气，如果你只是反应过度。但是不会气太久。

× 不会接收你的前男友。

× 不会和你的男友眉来眼去。

× 不会“偷走”你的朋友！（除非经过你的鼓励。）

× 不会骗你。

和好姐妹一起，最好……

× 做自己——这才是友谊的精髓。

- ✕ 去希腊旅行，却全程都在泳池边闲聊。虽然可惜了希腊的美丽风景，依旧不失旅行乐趣。
- ✕ 边吃意式冰激凌，边看《欲望城市》。
- ✕ 一整天无所事事，以深夜两点醉倒在酒吧收尾，而且完全心甘情愿。

据我看来，无论哪个国家，朋友之间最棒的活动是：

- ✕ 疯狂参加派对的隔天，一起啜饮热茶，聊昨晚的事情。

你希望好友可以对你说的话

- ✕ “好吧，也许你说得对，是胖了一点。好吧，我们这几个月先不要吃冰激凌了”
- ✕ “你那张照片美极了！”
- ✕ “你穿那套衣服不好看。”
- ✕ “我看到你的男友和其他女人走在一起。”

或是

- ✕ “你的男友好极了。别再胡思乱想，你只是疑心病。”

你们是闺密的证明

- ✕ 碰面不需要特别计划，可以什么都不做。你们只是想见面，见了面再决定做什么也不迟。
- ✕ 闺密正和光鲜靓丽又有地位的人在一起（对，这种事情在纽约很常见），介绍你认识时当你是全世界最重要的人。
- ✕ 即使 3 分钟静默不语，也不会有人觉得尴尬。
- ✕ 在闺密面前可以坦然做自己。
- ✕ 你不必假装“有许多朋友，有份好工作，还有个优秀的恋人，一切真是太美好了”，只需表现真实的自我。
- ✕ 即使一年没见对方，还能像昨天才见过面一样闲聊。
- ✕ 即使已经认识 35 年，你们说到开心处也仿佛回到了灿烂的少女年代（例如我妈和她的好姐妹，超棒）。

可能扼杀友谊的蠢事情

- ✕ 嫉妒：嫉妒源自欲望。如果你因为某人应有尽有而痛恨他，也许你当初喜欢他也是羡慕他的好条件。请随时反省。
- ✕ 金钱：朋友就像恋人，要对他们慷慨，也要让他们表现出慷慨的一面，即使只是买杯咖啡。你尽一己之所能，无论是情感、金钱、学识、经验、人脉，或是一盘可口的家常千层面。
- ✕ 距离：你必须拿起话筒。打电话、视频、发短信都可以。我在这方面最糟糕，有时甚至无法打起精神回复电子邮件，所以我不会记恨别人没打给我。然而友谊就像鲜花。

如果不浇水，可能会枯萎。

小心这种朋友

× 巴结权贵的人就是喜欢趋炎附势。如果他对别人这样，对你也不会例外。不必斩断友谊，毕竟这种人可能深具娱乐性。只要看清楚对方为人，保护自己即可。

× 有心机的友谊——这个问题比你想象中更常发生。如果是朋友，就不会觉得问候一声“你最近好吗”（然后专心倾听，而不是去查你的朋友圈）是多大的牺牲。

有时候，缔结深厚的友谊只要3分钟。

有时候，泛泛之交也能持续好几年。

如同谈恋爱……

× 你必须放下不同意见，甚至是严重的争执，说声抱歉，不再纠结。

× 你必须有耐性。有时人们会突然闹别扭，让你觉得他们变了，心里没有你了。

× 请等一等，也许要等上好几个月，但是真正的朋友一定会回来。

还是如同谈恋爱……

× 有些友谊也会凋谢，但是并不表示对方不善良或不真诚。×

100 LOVE LESSONS

爱情100课

那句话怎么说？人生就是不断学习。

即使恋情只维持了几天，即使分得很难看，我都从每个爱过的男人（或女人）身上吸取了宝贵的教训。回想起每段恋情，我都觉得很甜蜜（只有一段除外），也很看重它们（无意间）教给我的每一课。

也许我谈恋爱的次数远超过在这里透露的数目，总之以下九段爱情故事彻头彻尾地改变了我，也为我带来了人生的觉醒。

初恋情人

我的初恋在 14 岁。他是游历各国（当然是和他爸妈一起，那个年纪还没酷到可以自己旅行）的滑板高手，当时他来科西嘉观光。

我把他的名字写在牛仔裤上，当时我觉得这是证明我的感情的独特方法。

但是我很快就发现，他爱我超过我爱他。你可能以为我沐浴在恋情的喜悦中，其实不然。

备受宠爱让我染上了公主病，变得很冷酷；也可能因为我只是个愚蠢又自以为是的少女。

1. 自我是很愚蠢的。

三年的激烈远距离恋情中，曾经戏剧化地分手，又重修旧好如胶似漆，最后我却劈腿了。严格来说，那不算背叛，毕竟我已经提出分手了，只是他不肯，而且还回来找我，这也让我学到了下一个教训：

2. 被甩了，不要留恋徘徊。离开吧！

错过的他

18 岁那年，我认识了一个红发帅哥。他风趣、温柔，我立刻被他迷住。他有什么优点？

他让我发现亲密关系的美好。

好到 20 年后还记得。我学到：

3. 最好的不一定总在最后出现。

4. 写日记？拍照？录像？太冒险！写下来吧，日后你可能想回忆当初的经验有多美好。

5. 不能因为发生得早就表示那几次不算数。

初恋男友还不放弃，他感情浓烈，还拟定了计划。我们两家选了同样的地方度假，他带了 10 个最好的朋友。我太傻太天真，以为两人分手，但是他的朋友还是我的朋友。

我们整个夏天都在一起玩，但是他们无所不用其极地妨碍我和当时的男友。

他们轻视他、排挤他，嘲笑他的发色。

现在我知道他们这种行为有个统称：霸凌。

我很蠢，又容易受人影响，看不清真相，因此又回到了初恋男友身边。我至今还觉得很歉疚：我没为他挺身而出。真希望可以改写历史。

我甩了他，但是损失的人是我。

6. 男友的朋友多半不会变：永远是他的朋友。

7. 男人为了跟你复合，可以无所不用其极。

8. 不要冷眼旁观自己关心的人受欺负，否则你永远不会原谅自己。

初恋情人

（是的，又是一次）

初恋男友和我复合，但是这种关系不长久。当时我还留在他身边，因为各式各样的蠢理由，其中最蠢的一个（我真不应该）就是苟且安逸。我还住在科西嘉，他在巴黎有个很棒的公寓。此外，他也不愿意和我分手。

9. 无论是对爱情还是对人生而言，苟且安逸绝对不是个好理由。

10. 对方不肯放手，也不代表你非留下不可。

显然在一起久了就容易乏味，我对他越来越无理取闹，已经完全不喜欢他了。我早该离开，但是我懂什么？我才 19 岁，无知到极点。

11. 有些教诲就是听不进去，非得自己跌倒一次。

我还是和他在一起——过一天算一天。我不明白何谓真爱，也许真爱就是熟悉对方，即使有点无聊，至少两人相处很自在？我完全不了解。

12. 如果 19 岁就觉得无聊，离开吧。

我无聊到某天和朋友去参加派对，看到第一个男人就昏了头。

大错特错

我非常非常痛恨这个故事，这点很重要。许多女孩都有这种恐怖的经验，但是我们绝口不提。

我很走运，没碰上坏事。但我想谈谈这一段经历，这样一来，如果你碰到同样的状况，就会想到我，并且快速逃走。

这就像电视上连续播放《国土安全》一样，整件事情前后只有 6 小时。

我去夜店，自以为已经是个成熟女人，但是在他眼中，我可爱、年轻又无知——也许还喝得有点醉。

他和朋友一起去。年纪较长，魅力无穷，许多女孩都对他投怀送抱。

然而他始终盯着我看，像是用眼神一件一件剥掉我的衣服。他注意到我，只追着我看，令我受宠若惊。后来我们共喝一杯酒，他一定说服了我，因为我叫朋友先走了，完全与电影情节如出一辙。我上了他的车，跟他回家。

一到他家，我马上觉得上当了，并且十分愧疚。这个男人的目的很明显，更明显的是，他对其他事情都没兴趣。

我突然清醒了：我把自己送入了虎口。但我继续装酷，装得比自己的年龄成熟、老到。要不是那个恶心到极点的吻之后，他突然进厕所，我不知道自己会有什么下场。

我一看到机会，便立刻拿了东西开溜，结果半夜在陌生的街头迷了路。我幸运地找到了回家的路，在那段充满负罪感和羞耻感的路上，也很幸运没碰到可怕的事情。

我记得当时青涩的感觉，记得那种不安全感，记得自己有多想进入成人的世界。我也知道年长的人对自己施压时，我有什么感受。

那件事情可能会闹得一发不可收拾，我可能碰上各种危险。最糟糕的状况是什么呢?

无论别人怎么说，我都很难甩掉当初的负罪感和羞耻感。

13. 保护自己。建立一套互助机制，朋友之间要互相照顾。

14. 保护自己。你的身体和意志是你最大的珍宝，世上还有许多方法可以证明你很酷、很成熟。

15. 对了，我们只要对得起自己，不必证明给任何人看。

16. 保护自己。找朋友聊聊这些事情，隐瞒事实无法走出伤痛。

烟幕弹

我搬到大学城——普罗旺斯地区的艾克斯求学。

初恋男友和我还维持着远距离恋爱，这一点有助于我们忽视彼此交往永远不会幸福的事实。

上课？我花在派对上的时间远远超过在校园的时间，我玩得可开心了。

我常常参加派对，和闺密一起夜夜狂欢。所以才会遇到全世界最英俊、性感又神秘的男人。

我不记得当初如何接吻，那一定是很晚才发生的。我无法确切指出他为何性感又神秘，总之我被迷得七荤八素，一起参加了几个派对之后，我们便成了恋人。

17. 不记得第一个吻？不妙！

交往的日子相当乏味。我很快就发现，他之所以神秘是因为他根本没有趣事可聊。你可能猜到了，他也毫无幽默感——然而我就像被遮住眼睛似的迷上了他。

18. 夜店狂欢？不妙！

夜晚终究会来临，我们又出门狂欢。这种另类生活颇令我无法自拔（其实我比较喜欢白天活动），又迷恋他那双英俊的绿眼睛。

19. 私生活无趣？不妙！

直到某一天，你猜怎么着？

他甩了我。

我从来没有被甩的经验。当他说我们不太合适时（什么？不会吧？），我以为自己会死翘翘。我回去找室友，倒在沙发上哭得死去活来，连续睡了两天两夜。

当时可能要还睡眠债吧。

醒来之后，我已经把他抛到脑后了。慢着，什么鬼？

20. 夜店咖就像他们的外表一样不实在。

21. 小心不妙的警示，提防假的爱情。

22. 如果你白天觉得他很无聊，表示你跟他在一起确实很无聊。

23. 筋疲力尽可能会害你头脑不清。怎么解决？去睡觉！（偶尔也一个人睡吧！）

24. 吸烟，有必要吗？

那女孩

爱上俊俏帅哥开始成为一种习惯，而且显然不是什么好习惯。为了改变自己，某个漫长的夏日，我爱上了咖啡馆邂逅的美丽女孩。

25. 跟随小鹿乱撞的心情。

26. 绝对不要说不可能。爱情会带来莫大惊喜，这就叫发现自我。

妙的是我们还很认真，成了货真价实的恋人。然而这段恋情很复杂，我很难改变对自己的看法，人们——甚至闺密的疏远更令我难受。但是我爱她，希望自己够坚强、自豪，不要屈服于社会压力。

27. 啊，对了，逆境是爱情的最佳燃料！

我们相恋两年，后来我发现，无论对象是男是女，爱情的本质都一样。幸福时同样快乐，争吵的时候也同样可怕。我们曾经有一段美好时光。但是某一天，另一个男人又让我神魂颠倒。

28. 如果你想亲女孩，就亲吧。她也许是你的真命天女，就算不是，也无所谓。

真爱

此时我 23 岁，非常热爱音乐。某晚，我到朋友家参加私人演唱会，第一次也是唯一一次体验到“被电到”（法国人这么称呼“一见钟情”，因为爱情如同闪电般击中你，对对对，我们很浪漫）的感觉。请听我娓娓道来。

我先看到他，他没看到我（原来他视力很差）。他打鼓时（对，很帅），我只能站在舞池中间呆呆地看着他（很窝囊，我知道）。演唱会结束之后，大家都离开了，我依旧像尊自由女神像般杵在原地。他说“嗨”，我没回应，整个人当场僵住。哇。

然后他转头亲吻他的女友，当时光线不好，我看不清楚，但是她就像加拿大超模达莉亚·沃波依，只是更年轻、更漂亮（看清楚之后，我才知道没这回事）。

29. 一见钟情：多半会从天堂跌到谷底。

30. 不要理想化其他女孩，她们和你一样没有安全感。

隔天早上，我打电话给我妈、我妹、朋友。

我说我碰到梦中情人了（我 23 岁，决绝又感情丰沛）。

31. 可以相信世上有白马王子。

我坠入爱河，而且这种体验前所未有。没有任何事情可以阻拦我。我知道他有女朋友，也不想拆散他们，因为我认为，终究会出现有利的星相，到时我们就能在一起。这种说法似乎很疯狂，然而我就是深信不疑，也开始计划筹备，想到我可能得在窗边等了又等……

隔天，有人按我的门铃。

是鼓手先生。

32. 随时检查门铃有没有坏。

33. 在家也不要着装邋遢，你不知道谁会来按铃（真敢讲，自己就穿着破旧的运动裤在计算机前打字）。

他说他来发下次演唱会的传单。我们共同的朋友就把我的地址给了他。好，我愿意接下传单。

34. 别小看男人想见你的决心。

35. 直接杀到门口这招很灵。

我请他喝了杯饮料。

36. 家里随时要备妥饮料。

他整晚都没走。

37. 随时准备放弃当晚的计划。

我们促膝长谈。

38. 不要第一天晚上就发生关系，你们这些疯子！

我们聊了人生、故乡、理想、读过的书、看过的电影、去过的地方。还有……

他有女友。就快考试了，他很忙。但是我们已经开始分享人生经历和梦想，决定两个月后他一考完，我们就一起搭便车环游欧洲。

我答应了。我去更新了护照，如同浪漫爱情故事的女主角，衷心期盼 7 月的到来。

39. 期待令人雀跃，不要剥夺自己享受这种乐趣的权利。

40. 欣然接受浪漫的爱情。

41. 搭便车？对……最好别把每件事情都告诉妈妈。

7 月来临，我已经准备好了。自从那晚彻夜长谈之后，我们都没说过话。当然啦，我有小小地跟踪他，向朋友打听他常出没的地方，但是我非常谨慎，他都没发现。不要忘了，我不觉得紧张，因为我知道我们命中注定要相恋的。

我只要等待命运的安排即可。

42. 有时离开是最好的催化剂。给对方空间，制造彼此的距离，不要打电话给他。要有信心：如果注定要在一起，你一定会等到。

某晚，我去参加他的演唱会。我在表演完之后和他碰面，他说他已经准备好去旅游了，我们选定了出发碰面的地点。我开心得快炸开了。

可是……

当天稍晚，我看到他牵着女友的手离开。

我可没开玩笑。

43. 男生？很复杂。

然而我已经下定决心，我要和他去。我们只是临时起意一起搭便车环游欧洲的朋友，对不对？我会照计划去见他，尽管我担心他不会赴约，也担心他很快就把女友娶回家。

44. 女生？很疯狂。

他出现了！我完全没提他的女友，就和他一起出发了。我们去了尼斯、米兰、威尼斯、维也纳和布拉格。这些都是世上最美的城市，如果不是正在写书，我实在可以写写那趟旅程。踏上旅途一周后，我们才第一次热吻，就在暴风雨中老旧的火车车厢内。

那一吻浪漫又激情。此后，他就成了我的全世界。

对了，顺带一提，他在我们出发前已经和女友分手了。我后来才知道他们已经数度分分合合，他真是个正直的好人。

45. 世上真有电影中那种正直的好男人？还真的有。

46. 世上真有电影中那种浪漫的真爱？还真的有。

我们回到法国南部之后，我搬去和他同居，我们感情很好。他幽默，有才华。我的妈妈喜欢他，我喜欢他的妈妈。他是好情人，但一切来得太快，我疯狂热恋，演变到后来只剩下“疯狂”。

我的人生只为他而活，忘了自己的朋友。每天痴痴地等他回家，随时要打翻醋坛子。我跟踪他，哭倒在地上，只因为他和朋友喝咖啡没约我。

我脑子哪里出问题了？

47. 注意注意：

你即将进入疯狂爱恋的疆界，会发傻、变丑。你会说这都是因为爱，其实你只在乎自己，只关心自己的需求。你只想占有对方，别再靠过去了。如果你往那边走，赶快打自己几巴掌。不然就来找我，我绝对不手软。

他离开了我。

那是他最明智的决定。

他甩掉无可救药的我，要我离开，我却不肯搬走。经过两天的一哭二闹三上吊（我们两人都大吼大叫兼哭喊），我还藏起了他的大门钥匙（是的，你没看错），免得他撵我出去。

有个朋友的朋友刚好有事打电话给我。她一听到我的声音，立刻决定来接我。

48. 就算世界末日也要接电话。

接下来的 20 天，我都躺在那个我根本不熟的女孩家的沙发上。她后来成了我的好姐妹，但是当时我才不在乎，我已经失去了生存的意义。我无法呼吸，食不下咽，一开口只能聊他的事情。我只能抽烟、哭泣。她也任凭我尽情发泄。

49. 敞开心扉，接受帮助。陌生人也许能拯救你。

我哭到没有泪水，然后又干哭了几天。我心痛万分，仿佛有人踩过我的心。我整个人失魂落魄，一切暗淡无光，整个世界变成黑白。难怪这种感觉被称为心碎。

50. 除非心碎过，否则你永远不懂。

有一天，我没烟了，得出去买。我随便捡了件地上的衣服穿上。出门之后感到微风轻拂我的脸庞，我环顾四周，好好感受世界，看着人来人往。原来地球继续运转。

世界又恢复了色彩。

当时我便知道自己可以活下去了。

51. 心碎是惨事，请善待心碎的人。

52. 你一定熬得过去。

53. 知道自己可以熬过去将永远改变你，希望大家都能有心碎的正面体验。

此后我就觉得好多了，虽然我知道自己还爱着他，但是没有他依然活得下去，甚至也有办法过得开心快乐。总有一天，我一定可以忘了他。

54. 有时，只有时间能治愈你的情伤。要对时间有信心。

此时他又回头找我。

55. 有时分手可以挽救恋情。

我们复合了。我发誓自己不再发神经，不再哭天抢地。我发誓尊重他和他的生活，我也办到了。我不再挑三拣四，不再蛮横霸道，这也成为我以后谈恋爱的新准则。

这是我此生学到的重要教训。

多亏他，我才成为更好的人，不只在男女感情方面有进步，对待人生上也是如此。

56. 爱不是占有。

57. 铁则：尊重，不骂脏话，不把对方当成自己的附属品。这都是我从他身上学到的。

58. 对错不见得重要，有时要倾听、示弱、改变。

59. 真爱的伟大力量，能赋予别人改变的勇气。

此后我们过着幸福快乐的日子……几年吧。可惜我们认识的时候太年轻，我们会改变，人生目标会改变。有一天，我们发现两人都不快乐。

然而我们依旧深爱对方，因此又试了一年。那段时间已经够久了，久到我明白彼此已经走不下去了。但是我还是无法离开他，我对这段感情用情太深。

当时我 26 岁，我知道自己得离开我以为是真爱，以为是白马王子，以为是梦中情人的男子。我办不到。我们继续努力……

有一天，我在派对上邂逅了某个男人。一开始就该知道不妙，是不是？

60. 有些苦头就是非得再尝一次。

过渡情人

这时我已经搬到马赛，开始做电影业的第一份工作。某天晚上，我们要办盛大的派对，我就是在那里认识了他。他好帅，我真不敢相信自己的眼睛（啊，不！又来了！）。但是他也……慢着，他只有英俊。人很好，但是有点年轻，有点……好吧，就说他不是才子型吧。因为当时我正处在人生的艰难时刻，因为我确定很安全，也可以掌控情势，我决定和他回家……

体验我人生初次的一夜情。

我已经 26 岁了！从没试过一夜情！朋友都有经验，我为什么不可以?

然而到今天为止，我还是没有这方面的经验。

一夜情：我听过这种事情，也知道某些朋友有经验。然而这种事情从未发生在我身上。

我当晚住在他家，隔天也是。一夜情成了两夜、三夜、四夜。最后，我们依照法国人的做法，成了男女朋友。几天之后，我决定振作起来（别忘了，当时我还和鼓手男友同居着），搬去闺密家。

我找到了勇气（我尽力了）离开前男友，很清楚自己从一段恋情跳进了另一段。

61. 有些女孩不适合一夜情。

62. 有些女孩只是怕孤单。

63. 不要成为这种女孩。

64. 贴心提示：和闺密同居最酷了。

我的诡异故事还没结束。因为有他这个过渡情人，我才能离开早该结束的恋情。交个可爱的小情人很不错，有趣、单纯又性感。

65. 郑重声明，恋爱就该这样：有趣、单纯又性感。

这段关系越来越正经，虽然我们的相处还算轻松愉快。我感到自己受到了保护，似乎住在某种梦幻世界中。后来我搬去和他同居，“正式”成为恋人。我爱他，但并未与他真正相恋。渐渐地，性感的因素褪色，有趣的因素消失。有一天，单纯的好处也不复存在。我突然惊醒、分手，带着恐惧蓦然回首：我在这段恋情过渡期停滞了三年。

66. 如果恋情就像条舒服的毯子，却没有爱情的酸甜苦辣，立刻离开。

我就是这么做的，简直是快速逃跑。即使当

时我已经 30 岁，担心再也找不到爱我的人。

67. 不能怀有这么愚蠢的念头。

68. 坠入爱河永远不嫌晚！

我搬到巴黎，也该体验单身生活了！好好感受 30 岁的人生！痛快过日子，和单身闺密到处旅行吧！好好自私！玩个痛快！

好吧……

结果我认识了另一个男人。

不爱的那个

他是巴黎人。我告诉他，我最讨厌巴黎人，因为他们矫情、不可靠，而且多数都很讨人厌。我们就这件事稍微辩论了一番。但是他穿着窄腿裤，很帅，我决定放手一搏。

我早该甩开帅哥情结了，我比专追模特儿的男人还糟糕！比我的巴黎情人还无可救药！

但是我没有。经过了几周非常巴黎风格的恋爱，坐遍许多咖啡馆，抽了几包烟，吃了点法棍面包（干笑），进行过无数次法式深吻，我发现这段恋情是三人行的：他、我和他的手机。他离不开手机，我的直觉是他不可能只是忙着打《愤怒的小鸟》。

某一天，我决定探个究竟。

69. 谈恋爱时最重要的就是尊重对方的隐私。不要查看他们的手机、皮夹、抽屉。全心信任他们，尊重他们。

70. 除非你的直觉警铃大响。（没错，这是女人的规矩。）

是的，我虽然不愿意，但还是看了他的手机。事实证明我的怀疑是有道理的：他劈腿了。

这是我头一次碰上情人劈腿，怪的是我不在乎第三者（无论单数或复数）是谁。记得第 30 课吗？我学会不要理想化其他女孩。然而我立刻认清了这段恋情：尽管我很恼怒，但我没那么在乎他，所以他的背叛也不太让我心痛。

如果我深爱他，我可能会搞清楚状况，问清楚理由，怎么开始的，然后自问能不能原谅他。但是就这段关系而言，我只想远走高飞。

71. 欺骗往往是恋情出现问题的征兆。

72. 每段恋情都不一样，但是有件事情不会变：背叛令人伤心。

73. 不要劈腿。

我用包包打了他好几下才离开。

我准备好迎接单身生活。真的，一切准备就绪。我甚至不需要派对，不需要到处狂欢，也放弃寻找单纯又性感的一夜情。我应该独自过日子，享受人生、工作、朋友的陪伴和独处。

一定很美好。

正当我大声疾呼时，你也知道发生了什么事情。

74. 了解自己的模式。

我又认识了新人。

志趣相投的人

他的名字是斯科特。

我在时装周拍照时认识了他，我们成了朋友。

斯科特逗我发笑。他有一双美丽的眼眸，聪明至极，是才华横溢的摄影师。个性友善，有点易怒。他是典型的美国人，我是典型的法国人。

他来巴黎参加时装周，我们就会见面。起初，我们只是朋友。可能为了人生、摄影和时尚就能吵上好几个小时。从政治到咖啡的味道等，我们对每件事情都有不同的看法。我从来没交过这种朋友。

75. 人生总会带你邂逅意外的人。

76. 不要因为恋情来得出乎意料就拒绝对方。

77. 有时南辕北辙的人才会异性相吸。

他有妻子，我想过单身生活。好极了！我们只是朋友。

78. 然而这样的事实无法抑制我们的情感。

我们常常聊到开怀大笑。他幽默又懂得自嘲——这是最令我欣赏的男人的特质。

79. 幽默感可以打开女人的心房（好吧，是我的）。

某天，他即将飞回纽约，事情就这么发生了。我们像美国人般拥抱道别，他给了我一个难以言喻的眼神后转身离去。我看着他走远……

当时我的心似乎被撕裂，我从未有过这种感受。我开始哭泣，自己也觉得莫名其妙。

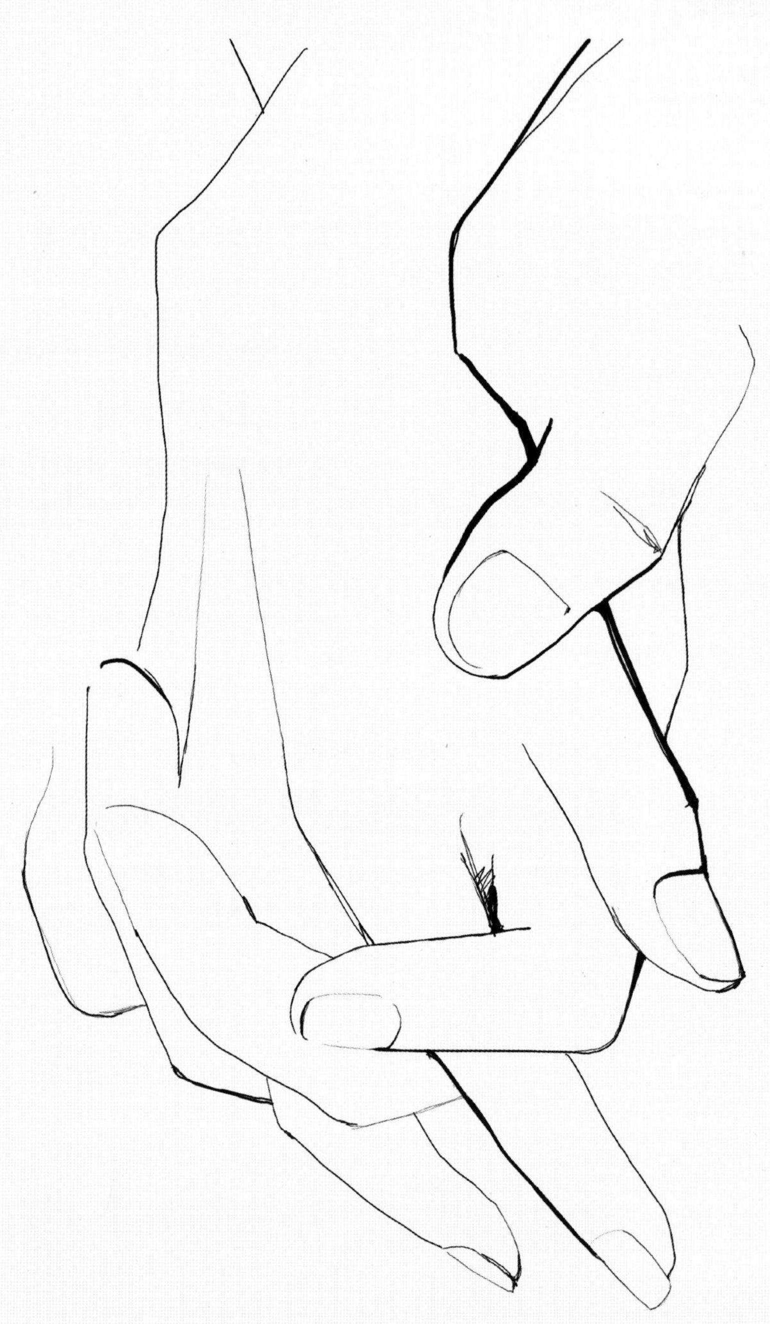

80. 只要有疑虑，就去找朋友。

我打电话给闺密，我们谈论这段古怪的友谊好几个小时。

她说："不会吧？你看不出自己恋爱了吗？"

81. 有时理智会干扰你的心声。

我向她解释这种事情有多么不可能。

他不适合我。我们的性格差异太大，情况太复杂。

她回答："你无法决定自己爱上什么人。"

82. 你自以为了解爱情，一旦碰上爱情却又什么都忘光了。

我伤心地回家。原来如此，我恋爱了。我的爱人刚离开巴黎。

其实我也觉得如释重负。我们现在无法交往，而且我也需要一点时间消化。

但是我好难受，无法停止想念他，因此发了一封电子邮件向他道别，说我很难过他非走不可。

当时巴黎人还不流行用手机收发电子邮件，我以为他到家才会看到我的信。

但是斯科特是纽约客，而且用的是黑莓手机。他前往机场的途中就收到了我的邮件。

83. 千万别小看科技。

他请司机掉头，直接开回巴黎。

84. 不要认为距离或通信工具（电子邮件）能冲淡你一举一动的意义。

85. 表现爱情的浪漫之举可以融化女人的心。

我们见面，也终于把各自的心情摊开来说。中间还掺杂了许多泪水。

我们都不知道接下来会有什么发展。

我反复思索，和朋友、家人、心理医师聊过。最后决定听从自己的心声。

86. 找到爱情的真正方法就是交出你的心，卸下盾甲。不要压抑感情，放开恐惧。

我知道自己可能会受伤，也知道我不能为他的人生负责。

我也是这么告诉他的。我们就先等待。他必须下定决心，解决他自己的问题。

87. 交出你的心不代表丢开理智。

88. 有些事情需要花时间处理，无法一时半刻就安排完美。

几个月过去。尽管我有疑虑，却也很享受这种类单身生活。

这段恋情就像美丽又遥远的梦。

89. 好好享受爱情的每个阶段。所有体验只有一次机会，请慢慢品尝。

这段恋情逐渐萌芽开花。我们分离几个月之后，终于可以正式交往了。起初我们维持远距离恋爱的模式，我住巴黎，他住纽约……

但是不能住在一起令人觉得厌烦。我一直想去纽约，然而我还是耐心等待时机成熟。某一天，终于天时地利人和，我便搬去了。

那段时光相当美好。他的人生重新起步，我们渐渐对一起生活有了共识。我们开始同居，生活过得幸福美满，当时我以为这段关系可以天长地久。

结果不然。几年之后，我们越来越不契合。往日兴高采烈的讨论成了争吵，彼此之间的差异在以前是趣味，后来却成了我们无法跨越的鸿沟。

我们紧抓着当年的梦想，其实过得苦不堪言。

90. 梦想很强大。

91. 事实更难阻挡。

我的年纪越来越大，开始考虑结婚生子。

时机成熟，我们应该可以携手跨出那一步。虽然我们想与彼此白头偕老，但感觉就是不对。有时一出差就是好几周，都见不到对方，口角争执更令我们愤怒、憔悴。回首前尘往事，如今我才明白当时我们对人生有不同的规划。

92. 时机是恋爱的精髓。

我无法想象在那种环境下生儿育女，又不敢离开、重新来过；我害怕孤单，害怕看到共组家庭的梦想化为乌有。

我心里很悲伤，紧抓着我们曾经拥有的美好

NEW
YORKER

时光不放。

93. 如果是真爱，就全心全意付出。

我们擅长编造谎言蒙骗自己，说服自己相信一切终究会好转！他是个好人，我也是个好人。就算我们没有当年那么契合又如何？每对恋人都会经历各种阶段！我们去找咨询师吧！我们一起想办法走下去。

94. 直到走不下去。

也许我的心态起了变化，开始对人生有不同的看法。我享受独处的时间。亲朋好友都说我独自一人时更轻松自在，问题不在于我们已经不相爱，而在于我们在一起已经不快乐，虽然我可能要花好几年才能明白这个道理。

95. 一人生活好过两人受罪。

我环顾身边，发现人生有各种不同的面貌，对家庭也有了不同的认识。我看到单身的朋友开心地独自抚养孩子，脑海里也浮现出各种的可能。

96. 人生道路千百种，条条通罗马。

这时我已经不抱认识新人的希望了。我不习惯积极寻觅，而且想到要经历纽约式的交友过程就令我不寒而栗。我只知道一件事，如果我要离开斯科特，就得准备好孤独地过日子。

这个念头令我越来越雀跃。

尽管恋情即将烟消云散，我却越来越快乐。

某天，我打电话给斯科特，他出门去了。我们开诚布公，伤心落泪，达成协议。一切都结束了。

97. 分手可能是因为理解，向现实低头。

98. 即使在最悲伤时，也依旧要互相尊重。

我害怕，又觉得如释重负。我记得当初是这么告诉妈妈的："妈，这可能是我这辈子最勇敢的决定。"

比选择我的事业或离开法国更勇敢。

这是更深沉的勇气——继续寻找快乐的勇气，拒绝屈就的勇气，信任自己的勇气。我相信，凡我所需，命运都会赐给我，无论接下来的人生篇章有多么随机，多么不可预知。

99. 不要害怕。

这个决定是自爱，也是信任自己。我也从爱情中学到了最重要的一课……

100. 爱自己。

我从未如此快乐。每天独自微笑、毫无畏惧地走过纽约街头，我都觉得欣慰感恩。我有许多朋友，我热爱工作，人生充满可能，而且是无尽的可能。我从未觉得自己如此睿智，也从未觉得自己如此有活力。我知道，一切尽在我手中。

对了，我前阵子刚认识了某个人……

那也许又是可以学到爱情教训的新篇章。我希望这次可以天长地久，但也许只会持续几天，总之都是好事。因为爱情让人活到老学到老，爱情是喜怒哀乐、酸甜苦辣，爱情是化学反应。爱情是人生的重要探险。

在爱情面前，我们永远长不大，总是在跌跌撞撞中学习。所以无论如何，我们都要敞开心扉。✕

CONCLUSION

结语

还有一章，本想聊一聊我的隐私（而且还配插图！），
不过还是留到下一本书好了。

亲一下！

ACKNOWLEDG-MENTS

致　谢

我可以在这页尽情感谢生命中的每个人。从哪里写起？到哪里结束？

我决定自由发挥。我想感谢……

我的团队：你们真是天上掉下来的礼物。没有你们，这本书就不可能问世，我的人生肯定会一团糟。

埃里克·梅尔文和布里·韦尔奇：你们的支持和友谊对我而言意义非凡。

埃米莉·诺特，我最要好的合作者、闺密，也算是我的顶头上司：我不知道要从何谢起，你使我的人生更美好、更帅气、更刺激，也更有意义。我希望我们可以继续合作，也希望自己可以帮你实现人生目标。

我的照片经纪人瓦尔特·舒普弗和德尔菲娜·德·瓦尔：你们强有力的支持对我意义非凡。德尔菲娜，谢谢你如此善良、热心。也感谢你当起经纪人来如此能干！

我的编辑杰西卡·辛德勒：你孜孜不倦、才华横溢又善解人意。谢谢你。

朱莉·格劳、格雷格·莫卡，以及Spiegel&Grau（兰登书屋旗下的一家出版社）的所有团队，谢谢你们选中我，也谢谢你们让我觉得如鱼得水。

我的经纪人克劳迪娅·巴拉德和特蕾西·费舍尔：谢谢你们的支持和认真对待。大概有人必须扛起这个责任，而那个人永远是你们之一！

依琳娜·阿桑蒂：你实现了我的插画梦想！谢谢你的善良和才华。

此外，我还要感谢对这本书帮助良多的朋友：詹娜·莱恩兹、艾曼纽·欧特、黛安·冯芙丝汀宝、德鲁·巴里摩尔、劳伦·科汉、卡罗尔·本泽特、劳伦·巴斯蒂德、考特尼·克兰奇、斯科特·斯库曼和费迪南多·维德里，谢谢。

梅尔·佩佩：求求你永远别离开我。

克里斯·诺顿：谢谢。

谢谢愿意让我拍照的好心男女：谢谢你们这么多年来对我的信任，感谢。

感谢garancedore博客的读者：你们改写了我的人生，我永远感谢你们！

感谢我的家人。我爱你们。